月季品种图鉴

李洪涛　郭风民　主编

中原农民出版社

·郑州·

图书在版编目（CIP）数据

月季品种图鉴 / 李洪涛，郭风民主编 . —郑州：中原农民
出版社，2021.11
ISBN 978-7-5542-2480-9

Ⅰ．①月… Ⅱ．①李… ②郭… Ⅲ．①月季－品种－
郑州－图集 Ⅳ．①S685.122.926.11-64

中国版本图书馆CIP数据核字（2021）第223915号

月季品种图鉴
YUEJI PINZHONG TUJIAN

出 版 人：刘宏伟
选题策划：周　军
责任编辑：禹书峰
责任校对：王艳红
责任印制：孙　瑞
装帧设计：薛　莲

出版发行：中原农民出版社
　　　　　地址：郑州市郑东新区祥盛街 27 号 7 层　　邮编：450016
　　　　　电话：0371 － 65788013（编辑部）　0371 － 65788199（营销部）
经　　销：全国新华书店
印　　刷：河南省诚和印制有限公司
开　　本：710 mm×1010 mm　1/16
印　　张：15
字　　数：266 千字
版　　次：2021 年 11 月第 1 版
印　　次：2021 年 11 月第 1 次印刷
定　　价：69.00 元

编委会

主　编：李洪涛　郭风民

副主编：杨　攀　郑晓军

编　委：孙　飞　吴海东　李　楠　杨　华

　　　　计　燕　王永杰　闫志军　武荣花

　　　　刘薪薪　上官芳　张玉军　焦书道

　　　　王莉婷　吴　丹　刘宝灿　董春芳

　　　　张文萍　杨秋红　杜书芳　李效伟

　　　　宋成军　刘惠珂　倪　静　权莉雅

　　　　张　栋　阎　凯　王文建　靳锋伟

图　片：李洪涛　杨　攀

前　言

月季被誉为"花中皇后"，在世界上享有较高的美誉，品种达 4 万多个，因花色丰富、花形优美、花香怡人、花期长等特点，深受人们的喜爱，在城市园林绿化、庭院绿化和家庭美化等领域应用广泛，是我国十大名花之一。目前，全国已有 88 个城市把月季定为市花。

郑州地处中华腹地，属暖温带大陆性季风气候，冷暖适宜，光照充沛，雨量适中，是月季生长的理想地域，为全国五大月季中心之一。1983 年郑州市把月季定为市花，经过多年的推广普及，目前拥有月季品种 2 000 余个，建成了一大批月季路、月季游园、月季专类园以及以月季为主体绿化的花园式单位，成为一座名副其实的"月季城"。

随着月季在城市园林绿化、庭院绿化和家庭美化等领域的广泛应用，月季产业快速发展，越来越多的月季品种和类型也被选育、引进和推广，近年来相继出现了品种混乱、同物异名或异物同名等现象，给科研利用和生产推广带来了极大不便。目前，准确识别月季品种已经成为诸多月季科研以及相关工作者和广大爱好者遇到的困扰。

本书是郑州市城市园林科学研究所多年来开展月季品种资源研究工作的总结，较为系统地介绍了郑州地区月季品种的分类、主要性状等，图文并茂，为郑州地区有关月季品种资源的第一部大型图谱。同时，本书针对郑州地区的气候特点，在温度、光照、水分、施肥、病虫害防治等方面总结了郑州地区月季的周年管理历。

本书的出版，为广大读者了解月季品种提供了翔实的资料，将有助于指导花农、花卉企业管理者和广大月季爱好者正确识别、科学管理或利用月季品种资源。可供相关研究单位的科技工作者、高等院校教师和学生以及园艺、园林相关生产和企业管理者、行业部门相关管理者和广大月季爱好者阅读、参考。本书的出版将对郑州地区月季品种的推广应用和相关知识的普及，起到积极的作用。

　　本书编写过程中，中国月季协会副会长孟庆海老师多次莅临郑州鉴定月季品种，在此深致谢意！此外，河南农业大学陈延惠教授在资料整理、鞠自立老师在照片拍摄方面协助做了大量工作，在此一并致谢！

　　由于时间仓促，作者水平有限，本书难免存在遗漏、错误以及不足之处，敬请广大读者批评指正。

编　者

2021 年 11 月于郑州

目 录

第一章　概　述

月季（*Rosa chinensis*）、玫瑰（*Rosa rugosa*）、蔷薇（*Rosa* sp.）同属于蔷薇科（*Rosaceae*）蔷薇属（*Rosa* L.）植物，在国际上统称为 rose 或 rosa。在我国，月季、玫瑰、蔷薇分属于蔷薇属植物不同的种类，蔷薇泛指月季和玫瑰之外的其他蔷薇属植物。

月季原产中国，在中国有悠久的栽培历史，起始于汉朝，盛于明清。经过历代的选择、育种，培育出许多古老月季品种，具有花大、瓣多、色繁、味香、四季常开的特点，最重要的有'月月红'、'月月粉'、'绿月季花（绿萼）'、'小月季花'、'变色月季花'等。月季花与巨花蔷薇（*R. odorata* var. *gigantea*）杂交演化产生连续开花的香水月季（*R. odorata*），最著名的有'粉红香水月季'、'橙黄香水月季'、'淡黄香水月季'、'彩晕香水月季'等。月季花类和香水月季类通称为中国月季。

欧洲原种蔷薇花色单调，一年只开一次花，很少有二次开花的类型。18 世纪中期，中国月季的 4 个品种'月月红'、'月月粉'、'淡黄香水月季'、'彩晕香水月季'先后传入欧洲，并与欧洲当地的法国蔷薇、突厥蔷薇、麝香蔷薇等反复杂交，产生了波特兰蔷薇（Portland Rose）、波旁蔷薇（Bourbon Rose）、香水蔷薇（茶香月季）（Tea Rose）。1837 年后，中国杂种月季与波特兰蔷薇或波旁蔷薇杂交产生了生长势强、花香、红色和粉色、一年开花 1~2 次的杂种长春月季品种群（Hybrid Perpetual Rose）。此后，法国科学家利用杂交长春月季和香水蔷薇再次杂交，于 1867 年培育出四季开花的杂交茶香月季（Hybrid Tea Rose）品种'法兰西'（'La France'），成为现代月季品种群形成的起点，1867 年即被定为现代月季和古代月季的分界线。

此后，现代月季育种迅猛发展，通过种间杂交、品种间杂交、不同月季类型间杂交、芽变育种，相继培育出小姐妹月季（Polyantha Rose）、丰花月季（Floribunda Rose）、壮花月季（Grandiflora Rose）、微型月季（Miniature Rose）、藤本月季（Clibmber Rose）、蔓性月季（地被月季）（Rambler Rose，Grand Cover Rose）、灌木月季（Shrub Rose）等月季新类型，品种达 4 万余种，形成了庞大的现代月季种群。

第二章　月季品种的分类

月季有古代月季和现代月季两大品种类群。

一、古代月季

1. 中国月季（China Rose）：花红色、粉色或近白色，花朵单生或簇生，单瓣、半重瓣或重瓣，四季开花，常绿或半常绿灌木。原产中国，是培育现代月季最重要的种质材料。

2. 突厥蔷薇（大马士革蔷薇）（*Rosa damascena*）：花粉色，浓香，花径5 cm左右，花6~12朵聚生成伞房状花序，花期6月。灌木，株型松散。原产小亚细亚，是月季演化进程中重要的种源之一。

3. 波旁蔷薇（Bourbon Rose）：花浅粉至红色，花重瓣、芳香，常3朵簇生，很多品种可以反复开花。灌木，生长旺盛。由中国月季与突厥蔷薇杂交培育而成。

4. 法国蔷薇（高卢蔷薇）（*Rosa gallica*）：花粉红色或深红色，半重瓣或重瓣，花单生或3~4朵簇生，花朵常具香气，花期6月。灌木，株型紧密、直立。原产欧洲和西亚，是月季演化进程中重要的种源之一。

5. 白蔷薇（*Rosa × alba*）：花白色或粉红色，半重瓣或重瓣，伞房状花序，花径6~8 cm，有香味。直立灌木。

6. 百叶蔷薇（洋蔷薇）（*Rosa centifolia*）：花粉红色，重瓣，芳香，花朵大型，1~3朵簇生。灌木，多刺，株型松散。原产高加索，是月季演化进程中的种源之一。

7. 苔蔷薇（毛萼洋蔷薇）（*Rosa centifolia* L. 'Muscosa'）：为百叶蔷薇的变种，在嫩枝、茎和萼片上密被红棕色腺体，其他性状与百叶蔷薇完全相同。此种也是月季演化进程中的种源之一。

8. 杂种长春月季（Hybrid Perpetual Rose）：花红、粉、白等色，重瓣，具香味，花大型，单生或3朵簇生，多数品种可以反复开花。灌木或藤本，植株高大，生长旺盛。由中国杂种月季与波旁蔷薇或波特兰蔷薇反复杂交培育而成。代表品种有'德国白（Frau karl druschki）'、'阳台梦（Paul neyron）'。

9. 波特兰蔷薇（Portland Rose）：花色红艳，小巧玲珑，较波旁蔷薇更容易四季开花。植株紧密、直立，生长并不旺盛。由中国月季与突厥蔷薇反复杂交培育而成。

10. 茶香月季（Tea Rose）：花杏黄色至粉色，花朵松散，常具芳香，一般为重瓣，单生或 3 朵簇生，四季开花。灌木或藤本，由中国香水月季与波旁蔷薇或波特兰蔷薇杂交培育而成。

11. 诺依塞特月季（Noisette Rose）：花淡粉色，香味浓郁，花可达 9 朵聚生成大型花簇，四季开花。藤本，由中国月季与麝香蔷薇（*R. moschata*）杂交，于 1818 年培育而成。

二、现代月季

现代月季是月季体系中最重要的类群，月季品种中绝大多数为现代月季品种，根据种源、株型、开花和生长习性等特点，在我国一般将现代月季分为以下几大类型。

1. 杂交茶香月季（Hybrid Tea Rose） 简称 HT.

特点：花色丰富；花型优美，高心翘角、高心卷边为其经典花型；花朵单生，重瓣，花大型，花径多在 10 cm 以上，最大可达 18 cm；香味馥郁，花香怡人；四季开花，花量大，勤花、多花、耐开；抗病力、耐寒力较强；植株长势强健，分枝力强，高度一般在 60~150 cm。现代月季绝大多数为该类型品种，是构成现代月季的主体，世界各地广为栽植。

代表品种：'和平'（'Peace'）、'粉和平'（'Pink Peace'）、'红双喜'（'Double Delight.'）、'绯扇'（'Hi ohgi'）。

2. 壮花月季（Grandiflora Rose） 简称 Gr.

特点：花色较多，颜色范围与双亲接近；花大型，花径一般 10 cm 以上；花重瓣，多花聚生；香味浓郁；四季开花；抗病性、耐寒性较强；由杂交茶香月季与丰花月季杂交培育而成，植株比杂交茶香月季更高大，直立粗壮，达 150 cm 以上。该类型目前品种相对较少，育种前景广阔。

代表品种：'伊丽莎白皇后'（'Queen Elizabeth'）、'白雪山'（'Mount Shasta'）。

3. 聚花月季（丰花月季）（Floribunda Rose） 简称 F.

特点：花色丰富，花型优美；花中小型，花径一般在 5~10 cm；花单瓣至千重瓣，多朵聚生，成束开放，单朵花期长；花微香或不香；勤花、多花、耐开，四季开花；抗病性、耐寒性较强；植株紧凑，萌枝力强，高度一般在 60~150 cm。该类型品种数量仅次于杂交茶香月季。

代表品种：'冰山'（'Iceberg'）、'莫海姆宫殿'（'Schloss Mannheim'）、'红帽子'（'Red Cap'）。

4. 微型月季（Miniature Rose） 简称 Min.

特点：花色丰富，花型优美；花小型；花多为重瓣，多花聚生，成束开放，多花勤开，四季开花；芳香；抗寒能力强；植株紧凑低矮，萌枝力强，枝叶细密，植株高度一般为 15~30 cm。

代表品种：'太阳姑娘'（'Sunmaid'）、'彩虹'（'Rainbow's End'）。

5. 藤本月季（Clibmber Rose） 简称 CL.

特点：花色有白、黄、橙、粉、红、复色等多种；花大、中、小型俱有；单花或多花聚生；单季花春季开放或多季花连续开放；植株长势强健，生长旺盛，具有 200~600 cm 的藤形枝条，株形松散，需人工支架绑缚整形。

代表品种：'大游行'（'Parade'）、'御用马车'（'Parkdirektor Riggers'）、'光谱'（'Spectra'）、'西方大地'（'Westerland'）。

6. 蔓性月季（地被月季）（Rambler Rose，Grand Cover Rose） 简称 R.

特点：花中小型，半重瓣；常数朵簇生，成束开放，勤花、耐开；大多为多季连续开花类型；植株蔓生型，茎枝匍匐生长，枝条触地生根，生长快，耐旱，耐瘠薄，抗病性强，适于粗放管理，栽植成活后无须细致养护、管理。

代表品种：'巴西诺'（'Bassino'）、'肯特'（'Kent'）。

7. 小姐妹月季（Polyantha Rose） 简称 Pol.

特点：花色鲜艳，花微型，花径一般为 2.5 cm 左右，重瓣，多朵聚生成簇开放，勤花、多花、耐开，四季开花；抗寒性、耐热性较强；植株紧凑圆整，株高 100 cm 左右。

代表品种：'闪电'（'Eclair'）。

8. 灌木月季（Shrub Rose） 简称 S.

特点：花色丰富，花单生或多朵簇生，一季花或四季开花；植株在紧凑型与松散型之间，低矮至半藤本和藤本。由现代月季与古代月季或原种蔷薇杂交培育而成，其性状表现不同于其他月季类型。

代表品种：'玛格丽特王妃'（'Crown Princess Margareta'）、'真宙'（'Masora'）、'夏洛特夫人'（'Lady of Shalott'）

第三章 月季的形态特征与生长习性

一、月季的形态特征

月季属半常绿或落叶灌木，或蔓状、攀缘状藤本植物。

老枝灰褐色，当年生枝条绿色，具皮刺，稀无刺。

叶绿色，奇数羽状复叶，互生，小叶 3~5 片，稀 7 片；小叶卵形、椭圆形或披针形，长 2.5~6 cm，宽 1.5~3 cm，先端渐尖，叶缘具锯齿，叶基圆形或宽楔形，两面无毛，光滑；托叶与叶柄合生，全缘或具腺齿，顶端分离为耳状。

花单生或聚生；单瓣、半重瓣、重瓣；一季花或四季花；花色丰富，从白色至深红色、复色、奇异色俱有；花型以高心翘角、卷边为主；花径大小不同，微型花小于 3 cm，小型花 3~5 cm，中型花 6~10 cm，大型花 11~15 cm，巨大型花 15 cm 以上；花托球状、杯状、钟状、碗状、三角状；花萼裂片三角，全缘或羽状分裂；雄蕊多数，花柱分离，子房被柔毛；大多具有香味，从微香到浓香不一。

果实为瘦果，球形或梨形，黄红色。

郑州地区花期为每年 5~10 月，从开花坐果到果实成熟，生长时间需 5 个月。

二、月季的生长习性

月季性喜温暖、日照充足、排水良好、空气流通的生长环境。白天最适宜温度为 20~27℃，晚间最适宜温度为 12~18℃，在露地条件下能耐 −15℃ 低温和 35℃ 以上的高温；夏季温度持续 30℃ 以上时，植株进入半休眠状态；冬季气温低于 5℃ 时生长缓慢，植株逐渐进入休眠状态。

三、月季品种的主要性状

现代月季栽培品种众多，全世界月季品种达 4 万余种，品种之间在形态特征上存在着一定的差异。一般从花、叶、枝刺、株型等主要性状方面，认真观察比较，从中找出属于每一品种固有的特点，从而正确地识别月季品种。

（一）花

1.花色

花色是月季最主要的观赏性状，亦是直观区别、识别月季品种的最基本的性状特征。月季花色丰富，几乎所有花卉的颜色在月季中都可以看到，在国内通常将月季花色分为白色系、黄色系、橙色系、粉色系、朱红色系、红色系、蓝紫色系、表里双色系、复色系九大基本色系。

白色系　　　　　　　黄色系　　　　　　　橙色系

粉色系　　　　　　　朱红色系　　　　　　红色系

蓝紫色系　　　　　　表里双色系　　　　　复色系

2.花型

月季花型取决于花瓣的数量、形状、大小，有杯状、盘状、高心卷边状、高心翘角状、球状、莲座状、四心莲座状、绒球状等多种。

杯状：花瓣开展，单瓣至千重瓣，花瓣从花心轻微向外反卷。

盘状：花瓣开张，单瓣至半重瓣，花瓣几乎平展。

高心卷边状：具有平顶、反卷的花瓣，花心高而紧密，半重瓣至千重瓣，为典型的杂种茶香月季花型。

高心翘角状：花瓣两侧反卷、顶端成尖角状，花心紧密高尖，半重瓣至千重瓣，为典型的杂种茶香月季花型。

球状：重瓣或千重瓣，具有大小相同的花瓣，重叠形成碗状或圆球状外形。

莲座状：重瓣或千重瓣，花瓣微扁平，瓣多且大小不等，从外至内由大到小排列，微叠生。

四心莲座状：重瓣或千重瓣，花瓣微扁平，瓣多且大小不等，花朵中间排列有序成四等分。

绒球状：花小，半球状至球状，重瓣或千重瓣，常簇生，花瓣小而多。

杯状

盘状

高心卷边状

高心翘角状

球状

莲座状

四心莲座状   绒球状

3. 花瓣数量

月季品种之间花瓣数量差异很大，根据花瓣数量多少划分为：单瓣 4~7 枚，半重瓣 8~14 枚，重瓣 15~30 枚，千重瓣超过 30 枚。

4. 花径

根据花朵直径大小划分为：微型花 < 3 cm，小型花 3~5 cm，中型花 6~10 cm，大型花 11~15 cm，巨大型花 > 15 cm。

5. 花香

月季花香怡人，多数品种具香味，根据香味的浓淡程度划分为：浓香、芳香、清香、微香、无香味。

6. 花蕾形状

月季花蕾形状取决于花瓣的数量、形状、大小，通常将月季花蕾形状划分为圆形、圆尖形、卵形、笔尖形。

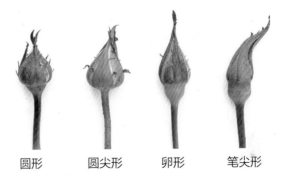

圆形   圆尖形   卵形   笔尖形

7. 花托形状

花托为月季的子房，经生长发育形成月季的果实。因品种不同，花托形状有所差异，通常根据形状划分为球状、杯状、钟状、三角状、碗状。

球状	杯状	钟状	三角状	碗状

（二）叶片

1. 叶形

月季为奇数羽状复叶，小叶 3~5 片，小叶形状因品种表现为不同的形状，常见的小叶形状有圆形、卵形、椭圆形、披针形。

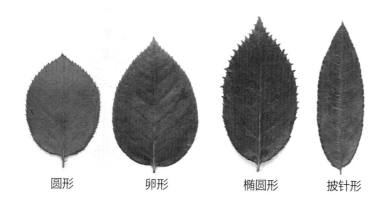

圆形	卵形	椭圆形	披针形

2. 叶缘

月季小叶叶缘具锯齿，常见的叶缘锯齿形状有腺齿、细锯齿、粗锯齿、刺齿。

腺齿	细锯齿	粗锯齿	刺齿

3. 叶色

月季叶片颜色为绿色，因品种不同深浅不一，根据颜色的深浅程度划分为深绿色、绿色、浅绿色、黄绿色。

4. 叶片质地

依据叶片的质地分为革质、纸质，依据叶片的厚薄分为质地厚、质地薄。

5. 光泽

一般革质叶片具光泽或半光泽，纸质叶片具半光泽或无光泽。依据叶片有无光泽分为有光泽、半光泽、无光泽。

（三）枝条皮刺

1. 皮刺形状

月季枝条具皮刺，稀无刺。依据刺体的形状分为直刺、斜直刺、弯刺、钩刺。

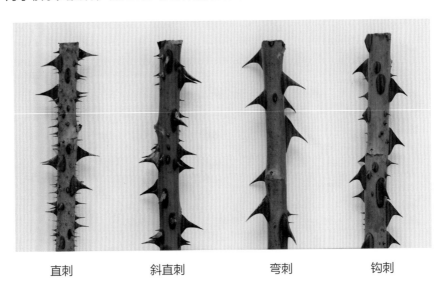

直刺　　　　　　斜直刺　　　　　　弯刺　　　　　　钩刺

2. 皮刺大小

依据刺体的大小将皮刺分为大、中等、小刺。

3. 密度

依据皮刺的密度划分为密、较密、稀疏、大小刺间杂、无刺。

（四）株型

依据枝条的长势，将植株形态分为开张型、半开张型、直立型、藤蔓型、灌木型、微型。

第四章
月季品种图谱与简介

‘北极星’（‘Polar Star’）HT.

● **别名**：‘TANlarpost’，‘Stella Polare’，‘Polarstern’，‘Evita’

● **性状**：花白色，中心泛乳黄色，随开放乳黄色逐渐变淡。花朵高心翘角、露心，花径 13~14 cm，花瓣扇形、瓣质中等、23~27 枚，芳香。花蕾卵形，花托钟状，花梗短硬、绿色，单朵着生。小叶卵形，叶深绿色有光泽，叶质厚，叶面向上翘，略皱，叶缘粗锯齿状，嫩叶黄绿色，边缘泛红。枝条硬挺，紫红色；皮刺直、大、较密，刺体黄绿泛红。植株直立型，高大，分枝力强，花色淡雅，花型优美，勤花、耐开。

● **亲本**：‘Unnamed Seedling’ × ‘Unnamed Seedling’

● **培育者**：1982 年德国 Mathias Tantau。

'婚礼白'（'Bridal White'）HT.

- **别名**：'特里西亚'，'JACwhy'
- **性状**：花象牙白色。花朵高心翘角、满心，花径 9~11 cm，花瓣阔圆形、瓣质薄、20~25 枚、芳香。花蕾卵形，花托杯状，花梗硬挺、有刚毛、绿色微泛红。小叶椭圆形，叶黄绿色无光泽，叶面略皱，叶缘细锯齿状。枝条硬挺，绿色；皮刺弯、中等大小、稀疏，刺体黄绿色。植株直立型，生长旺盛，花量大，花色浪漫柔和，多花、耐开。

- **亲本**：Sport of 'Bridal Pink'
- **培育者**：1970 年美国 William A. Warriner& Dr.Keith W. Zary。

'剪影'（'Honor'）HT.

- **别名**：'JAColite'，'Silver Medal'，'Silhouette'，'Michèle Torr'
- **性状**：花象牙白色。花朵高心卷边、半露心，花径 10~11 cm，花瓣长阔形、瓣质薄、20~24 枚，微香。花蕾圆尖形，花托杯状，花梗长、有刚毛、泛红。小叶椭圆形，叶翠绿色无光泽，叶面平展，叶脉略明显，叶缘粗锯齿状，嫩叶黄绿色。枝条翠绿；皮刺斜直、中小间杂、稀疏，刺体红色。植株开张型，长势强健，花色淡雅，勤花耐开。
- **亲本**：'Tonight' × 'Coral Satin'
- **培育者**：1976 年美国 William A. Warriner。

现代月季 ● 杂交茶香月季（HT.）

'绿云' HT.

● **性状**：花白色，初开外轮瓣泛绿。花朵杯状、满心，花径 10~12 cm，花瓣阔圆形、瓣质薄、透明、50 枚左右，微香。花蕾卵形，花托钟状，花梗长直、有刚毛、泛红。小叶椭圆形，叶深绿色无光泽，叶脉明显，叶面略皱，叶缘细锯齿状，嫩叶黄绿色。枝条细、硬、长，绿色；皮刺直、小、稀疏，刺体黄绿泛红。植株直立型，枝条整齐，长势强健，分枝力强，多花、勤花、耐开。

● **亲本**：'Mount Shasta' × 'Pascali'

● **培育者**：1979 年中国杭州花圃宗荣林。

'廷沃尔特'（'Tynwald'）HT.

- **别名**：'MATtwyt'
- **性状**：花乳白色，花心泛黄色。花朵平瓣盘状、半露心，花径 10~12 cm，花瓣阔卵形、瓣质中等、67~75 枚，无香味。花蕾圆尖形，花托钟状，花梗硬度中等、无刚毛、绿色。小叶椭圆形，叶面平展，叶深绿色半光泽，叶纸质，叶质厚，叶脉明显，叶缘刺齿状。枝条长、硬挺、翠绿色；皮刺直、大、稀疏，刺体绿色泛红。植株直立型，分枝力强，长势强健，花色淡雅，花姿优雅端庄。
- **亲本**：'Peer Gynt' × 'Isis'
- **培育者**：1979 年英国 John Mattock。

‘珍妮莫罗’（‘Jeanne Moreau’）HT.

● **别名**：‘MEIcalanq’，‘Pierre Arditi’

● **性状**：花白色。花朵高心卷边、满心，花径 10~11 cm，花瓣阔卵形、瓣质薄、千重瓣、76~98 枚，芳香。花蕾圆尖形，花托三角状，花梗硬挺、无刚毛、暗红色。小叶卵形，叶深绿色半光泽，叶质厚，叶脉明显，叶缘腺齿状。枝条硬挺，泛红色；皮刺直、密、中等大小，刺体橙红色。植株直立型，花色纯净，花型雅致，勤花，多季节重复开放。

● **亲本**：（‘Typhoon’ × ‘Yves Piaget’）× ‘Princesse de Monaco’

● **培育者**：2005 年之前法国 Alain Meilland。

'主持人'（'Showman'）HT.

- **性状**：花白色带黄晕。花朵杯状，花径
  12~13 cm，花瓣阔圆形、瓣质薄、约 45 枚，
  芳香。花蕾圆尖形，花托杯状，花梗长、有
  刚毛、黄绿色。小叶椭圆形，排列整齐，叶
  柄长，叶深绿色半光泽，叶纸质，叶脉明显，
  叶缘粗锯齿状。枝条硬挺，翠绿色；皮刺弯、
  中等大小、稀疏，刺体红色。植株直立型，
  长势健壮，株型圆满，花型优美，色泽雅致，
  花量大。
- **亲本**：'Unnamed Seedling'×'White
  Queen'
- **培育者**：1965 年美国 Eugene S. "Gene"
  Boemer。

'绿星' HT.

● **性状**：花蕾为豆绿色，花朵初放为浅黄豆绿色，进而转为浅白豆绿色，后期转为豆绿色，十分耐开，花期可达半月余。花朵杯状、满心，花径 5~6 cm，花瓣扇形、瓣质中等、60~70 枚，无香味。花蕾圆尖形，花托钟状，花梗硬挺、无刚毛、微泛红。小叶卵形，叶深绿色半光泽，叶脉明显，叶缘细锯齿状。枝条较长，硬挺，泛红；皮刺直、大、稀疏，刺体黄色。植株直立型，抗病性较强，花色清新，花量大，花型可爱。

● **亲本**：'白雪山' × '绿云'

● **培育者**：1990 年中国农业科学院黄善武。

'阿波罗'（'Apollo'）HT.

- **别名**：'太阳神'，'ARMolo'
- **性状**：花黄色，初放外瓣鲜黄泛橙晕。花朵高心卷边、半露心，花径 10~12 cm，花瓣阔圆形、25~30 枚，芳香。花蕾卵形，花托球状，花梗长、无刚毛、翠绿色。小叶椭圆形，大型叶，叶脉极明显，叶深绿色有光泽，叶缘粗锯齿状，嫩叶红色。枝条直立，老枝红色，嫩枝绿色；皮刺直、多、大小间杂，刺体红色。植株直立型，高大，长势强健，花色娇嫩。
- **亲本**：'High Time' × 'Imperial Gold'
- **培育者**：1971 年之前美国 David L. Armstrong。

‘北斗’（‘Hoku to’）HT.

● **性状**：花黄色泛红晕。花朵高心翘角，花径 12 cm，花瓣长阔形、43~48 枚，微香。花蕾卵形，泛黄，花托钟状，花梗硬挺、无刚毛、绿色。小叶卵形，叶深绿色无光泽，叶脉明显，叶缘粗锯齿状。枝条较粗，硬挺，泛红；皮刺弯、多、中等大小，刺体黄绿泛红。植株半开张型，挺拔健壮，分枝力强，勤花，花色柔和。

● **亲本**：（‘Myoo Jo’ × ‘Chicago Peace’）× ‘King's Ransom’

● **培育者**：1979 年日本 Seizo Suzuki。

'俄州黄金'（'Ore Gold'）HT.

● **别名**：'黄金矿'，'金矿石'，'竖琴小姐'，'TANolg'，'Miss Harp'，'Anneliese Rothenberger'，'Silhouette'

● **性状**：花深黄色，外瓣色淡。花朵盘状、半露心，花径约 12 cm，花瓣锯齿瓣、瓣质中等、22~25 枚，浓香。花蕾卵形，花托杯状，花梗短，无刚毛。小叶长卵形，大型叶，叶深绿色半光泽，叶面皱，叶缘细锯齿状，嫩叶黄绿泛红。枝条硬挺，泛红色；皮刺直、大、密，刺体泛红。植株直立型，长势强健，花量大，花色艳丽。

● **亲本**：'Piccadilly' × 'Colour Wonder'

● **培育者**：1970 年之前德国 Mathias Tantau。

现代月季 ● 杂交茶香月季（HT.）

'和平'（'Peace'）HT.

● **别名**：'爱梅夫人'，'Madame Antoine Meilland'，'Gloria Dei'
● **性状**：花黄色泛红晕。花朵高心卷边、满心，花径 12~13 cm，花瓣阔圆形、瓣质厚、约 45 枚，浓香。花蕾圆尖形，花托三角状，花梗直、有刚毛、绿色微泛红。小叶椭圆形，叶深绿色有光泽，叶革质，叶质厚，叶面皱，叶缘细锯齿状，幼叶黄绿泛红。枝条粗、硬、

直，泛紫红色；皮刺弯、大、较密，刺体黄绿泛红。植株半开张型，健壮，花色艳丽，花容丰满，勤花、耐开。
● **亲本**：[（'George Dickson'×'Souveni-rde Claudius Pernet'）×（'Joanna Hill'×'Charles P. Kilham'）]×'Margaret Mc-Gredy'
● **培育者**：1935 年法国 Francis Meilland 培育，命名为 'Madame Antoine Meilland'。1945 年美国 Conard-Pyle 以 'Peace' 之名展出。

'金凤凰'（'Golden Scepter'）HT.

● **别名**：'金笏'，'Spek's Yellow'
● **性状**：花金黄色。花朵盘状、半露心，花径 10~12 cm，花瓣长阔纵卷、瓣质薄、20~25 枚，芳香。花蕾卵形，花托杯状，花梗短、刚毛稀疏、绿色。小叶阔卵形或阔椭圆形，叶深绿色有光泽，叶质厚，叶缘细锯齿状。枝条粗壮，泛红色；皮刺弯、多、大，刺体暗红色。植株直立型，健壮抗病力强，花量大，勤花、耐开。
● **亲本**：'Golden Rapture' × 'Unnamed Seedling'
● **培育者**：1947 年之前荷兰 Jacobus Verschuren-Pechtold。

'金徽章'（'Golden Emblem'）HT.

● **别名**：'JACgold'

● **性状**：花金黄色。花朵高心翘角、露心，花径约 10 cm，花瓣阔圆形、瓣质中等、约 25 枚，无香味。花蕾圆尖形，花托杯状，花梗短粗、有刚毛、绿色。小叶椭圆形，叶大，叶深绿色有光泽，叶面略皱，叶缘细锯齿状。枝条硬挺，绿色；皮刺大、直、稀疏，刺体红色。植株直立型，长势强健，花色鲜亮，花型优美，花量大。

● **亲本**：'Golden Sun' × 'Sunshine'

● **培育者**：1979 年之前美国 William A. Warriner。

'金奖章'（'Golden Medal'）HT.

● **别名**：'AROyqueli'

● **性状**：花深金黄色，边缘橘红色晕。花朵高心卷边、半露心，花径 10~12 cm，花瓣扇形、瓣质中等、22~25 枚，微香。花蕾卵形，花托球状，花梗短、硬度中等、无刚毛、微泛红。小叶卵形，叶大，叶绿色无光泽，叶纸质，叶质中等，叶面平展，叶脉明显，叶缘细锯齿状，嫩叶黄绿色。枝条硬、直、长，紫红色，近无刺。植株半开张型，高大强健，抗病力强，花型优美、勤花、耐开。

● **亲本**：'Yellow Pages'×（'Granada'דGarden Party'）

● **培育者**：1982 年美国 Jack E. Christensen。

'勒斯提卡'（'Lestica'）HT.

- **性状**：花浅黄色。花朵卷边盘状、露心，花径 10~12 cm，花瓣长阔形、瓣质中等、25~30 枚，清香。花蕾笔尖形，花托杯状，花梗硬度中等、黄绿色、有刚毛。小叶卵形，叶绿色半光泽，叶面略皱，叶缘粗锯齿状。枝条较细，硬挺，绿色；皮刺直、小、少，刺体黄色泛红。植株开张型，生长健壮，花量大，多花、勤花、耐开。
- **亲本**：'Unnamed Seedling' × 'Unnamed Seedling'
- **培育者**：1982 年法国。

'绿野' HT.

● **性状**：花初放时黄中泛绿，盛开后转豆绿。花朵杯状，花径约 7 cm，花瓣阔圆形、瓣质厚、20~30 枚，芳香。花蕾卵形，花托杯状，花梗细长、无刚毛、微泛红。小叶长椭圆形，叶绿色无光泽，叶面略皱，叶缘粗锯齿状。枝条长、硬，绿色；皮刺弯、中等大小、稀疏，刺体黄绿泛红。植株直立型，长势强健，花色柔和，花期长，勤花、耐开。

● **亲本**：'Mount Shasta' × 'Paradise'

● **培育者**：1982 年中国农业科学院黄善武。

'漂多斯'（'Peaudouce'）HT.

● **别名**：'DICjana'，'Elina'
● **性状**：花白色中透黄，花心黄色重。花朵高心卷边、半露心，花径 12~13 cm，花瓣圆形、30~35 枚，排列整齐，微香。花蕾圆尖形，花托钟状，花梗无刚毛。小叶椭圆形，中型叶，叶深绿色半光泽，叶面平展略上翻，叶缘粗锯齿状，新叶黄绿色。枝条硬挺；皮刺直、多、中等大小，刺体黄绿色泛红。植株开张型，高大健壮，花色纯正，花容端庄。
● **亲本**：'Nana Mouskouri' × 'Lolita'
● **培育者**：1981 年之前英国 Patrick Dickson & Colin Dickson。

'战地黄花' HT.

- **性状**：花黄色，随开放逐渐变淡黄。花朵高心翘角，花径13 cm，花瓣阔卵形、瓣质中等、29~30 枚，芳香。花蕾圆尖形，花托杯状，花梗硬挺、无刚毛、紫红色。小叶阔椭圆形，叶深绿色半光泽，叶纸质，叶质厚，叶面略皱，叶缘粗锯齿状。枝条长、硬，微泛红；皮刺直、大、稀疏，刺体黄绿色。植株直立型，健壮，花色明亮，花型丰满。
- **亲本**：'Queen Elizabeth' × 'Golden Scepter'
- **培育者**：1962 年中国杭州花圃宗荣林。

'大奖章'（'Medallion'）HT.

● **性状**：花杏色或杏黄色混合。花朵高心卷边、露心，花径 14~18 cm，花瓣阔圆形、瓣质中等、35~40 枚、排列松散，微香。花蕾笔尖形，花托杯状，花梗硬挺、有刚毛、泛红。小叶阔椭圆形，大型叶，叶绿色无光泽，叶面皱，叶缘细锯齿状。枝条粗壮，硬挺，紫红色；皮刺斜肖、大、稀疏，黄绿色泛红。植株直立型，高大，分枝力强，花色淡雅，花型奔放，勤花。

● **亲本**：'South Seas' × 'King's Ransom'

● **培育者**：1972 年之前美国 William A. Warriner。

'大使'（'Ambassador'）HT.

- **别名**：'MEInuzeten'，'Orange Butterscotch'
- **性状**：花初开为橙黄、杏黄色，随开放瓣面渐变为淡橘红色。花朵半翘角杯状、露心，花径 12~13 cm，花瓣圆形、瓣质较厚、33~35 枚，排列紧密、整齐，清香。花蕾圆尖形，花托杯状，花梗硬挺、暗红色、无刚毛，单朵着生。小叶卵形，叶缘细锯齿状，叶面平展，叶质厚，叶黄绿色有光泽。枝条硬、挺拔，泛红晕；皮刺斜直、多，中等大小，红色，间杂刚毛状细刺。植株高大，直立型，分枝力强，勤花、耐开，色泽鲜亮，花型优美。
- **亲本**：[（'Zambra'×'MEIfan'）×'King's Ransom']×'Whisky Mac'
- **培育者**：1977 年法国 Marie-Louise (Louisette) Meilland (Paolino)。

现代月季 ● 杂交茶香月季（HT.）

'杰·乔伊'（'Just Joey'）HT.

● **别名**：'CANjujo'

● **性状**：花橙黄色。花朵杯状、露心，花径 10~12 cm，花瓣圆形、瓣质厚、18~20 枚，

清香。花蕾卵形，花托杯状，花梗短、密布刚毛、紫红色。小叶椭圆形，叶深绿色无光泽，叶缘粗锯齿状。枝条硬挺，紫红色；皮刺弯、中小间杂、较密，刺体红色。植株半开张型，长势强健，分枝力强，花色柔美，花大奔放，勤花、耐开。

● **亲本**：'Fragrant Cloud'×'Dr. A.J. Verhage'

● **培育者**：1972 年英国 Roger Pawsey。

‘情侣约会’（‘Lovers' Meeting’）HT.

● **别名**：‘幽会’

● **性状**：花鲜橘黄色，随开放瓣面泛朱红。花朵高心翘角、露心，花径 10~12 cm，花瓣阔圆形、20 枚，微香。花蕾圆尖形，花托杯状，花梗细长、有刚毛、泛紫红色。小叶阔椭圆形，叶深绿色半光泽，大型叶，叶面皱，边缘上翻，叶缘细锯齿状。枝条粗、硬、长，紫红色；皮刺斜直、中等大小、稀疏，刺体橙红色。植株直立型，生长健壮，花色艳丽、多花、勤花。

● **亲本**：‘Unnamed Seedling’×‘Egyptian Treasure’

● **培育者**：1980 年英国 Douglas L. Gandy。

'埃斯米拉达'（'Esmeralda'）HT.

● **别名**：'KORmalda'

● **性状**：花深粉红色至桃红色，鲜艳纯净。花朵高心卷边、满心，花径 12~14 cm，花瓣圆形、瓣质中等、约 35 枚，芳香。花蕾圆尖形，花托三角状，花梗短、密布刚毛、绿色。小叶椭圆形，叶深绿色有光泽，叶革质，叶质厚，叶脉明显，叶缘粗锯齿状。枝条硬挺，绿色；皮刺斜直、中等大小、较密，刺体黄色。植株半开张型，长势健壮，花色纯净，花型优美。

● **亲本**：'Unnamed Seedling' × 'Red Planet'

● **培育者**：1973 年德国 Reimer Kordes。

‘贝拉米’（‘Belami’）HT.

- **别名**：‘KORhanbu’，‘KORprill’，‘Woods of Windsor’
- **性状**：花粉白色，瓣端红晕较重。花朵高心卷边、盛开时花瓣略翘角露心，花径10~12 cm，花瓣扇形、20~25 枚，微香。花蕾圆尖形，花托钟状，花梗硬挺、有刚毛、泛红。小叶椭圆形，叶深绿色半光泽，叶面皱，叶缘细锯齿状，嫩叶泛红。枝条翠绿色，皮刺弯、少、中等大小，刺体红色刺尖泛黄尖。植株直立型，花色鲜净、素雅，花容端庄。
- **亲本**：(‘Prominent’ × ‘Carina’) × ‘Emily Post’
- **培育者**：1985 年德国 Reimer Kordes。

'纯洁'（'Pristine'）HT.

- **别名：** '派力司丁'，'JACpico'
- **性状：** 花纯净粉白色，略泛红晕。花朵高心卷边，花径12~14 cm，花瓣阔圆形、瓣质厚、26~30枚，微香。花蕾卵形，花托大杯状，花梗硬挺、长、无刚毛、绿色。小叶椭圆形或阔椭圆形，大型叶，叶色深绿半光泽，叶面平展，叶缘细锯齿状。枝条粗、硬，泛红；皮刺弯、多、大小间杂，刺体黄绿泛红。植株高大，半开张型，勤花、耐开。花色纯净、素雅，花容别致。
- **亲本：** 'White Masterpiece' × 'First Prize'
- **培育者：** 1975年之前美国 William A. Warriner。

'粉和平'（'Pink Peace'）HT.

- **别名**：'娇娥'，'MElbil'
- **性状**：花粉红色。花朵高心卷边、满心，花径 12~15 cm，花瓣阔圆形、瓣质厚、50~60 枚，浓香。花蕾圆尖形，花托杯状，花梗硬挺、有刚毛、绿色。小叶阔椭圆形，叶大，叶深绿色无光泽，叶脉略明显，叶缘细锯齿状，嫩叶黄绿泛红。枝条较细长，硬挺，绿色泛红；皮刺弯、大、多，刺体红色。植株直立型，分枝力强，生长健壮，花容端庄，可多季节大面积开放。
- **亲本**：（'Peace' × 'Monique'）×（'Peace' × 'Mrs. John Laing'）
- **培育者**：1958 年法国 Francis Meilland。

现代月季 ● 杂交茶香月季（HT.）

'粉扇' HT.

● **性状**：花粉色。花朵高心卷边，花径 13~15 cm，花瓣阔圆形、瓣质厚、30~35 枚，

无香味。花蕾圆尖形，花托杯状，花梗硬挺、有刚毛、绿色。小叶椭圆形，叶深绿色无光泽，叶缘细锯齿状，嫩叶红褐色。枝条直，嫩枝泛红；皮刺斜直，刺体泛红。植株半开张型，长势强健，抗病性强，适应性强，花大色艳。

● **亲本**：Sport of 'Hi ohgi'

● **培育者**：2002 年中国南阳赵国有。

'唐娜小姐'（'Prima Donna'）HT.

- **别名**：'Toboné'
- **性状**：花深粉红色。花朵盘状卷边、外层翘角、满心，花径 12~13 cm，花瓣阔卵形、瓣质薄、23~27 枚，微香。花蕾卵形，花托杯状，花梗直、中等硬度、有稀疏刚毛。小叶椭圆形，叶绿色半光泽，叶质厚，叶缘细锯齿状。枝条硬挺，泛红；皮刺斜直、稀疏、中等大小，刺体黄绿泛红。植株直立型，分枝力强，勤花、多花，耐修剪，花姿雍容华贵。
- **亲本**：（'Unnamed Seedling' × 'Happiness'）× 'Prominent'
- **培育者**：1984 年日本 Takeshi Shirakawa。

现代月季 ● 杂交茶香月季（HT.）

'维拉夫人'（'Lady Vera'）HT.

● **性状**：花粉红色。花朵高心翘角，满心，花径约 14 cm，花瓣圆形、35~55 枚，微香。花蕾笔尖形，花托碗状，花梗硬挺、密布刚毛，单朵着生。小叶圆形，叶深绿色无光泽，叶纸质，叶质厚，叶缘粗锯齿状，嫩叶泛红。枝条硬挺，泛红；皮刺弯、较稀疏、中小间杂，刺体红色。植株半开张型，花色淡雅。

● **亲本**：'Royal Highness' × 'Christian Dior'

● **培育者**：1969 年澳大利亚 R. W. Smith。

'香欢喜'（'Perfume Delight'）HT.

● **别名**：'香芬芳'

● **性状**：花初开时为明亮的桃红色，随开放变为淡玫瑰红色。花朵高心卷边，花径 12 cm，花瓣圆形、瓣质厚、25~30 枚，浓香。花蕾圆尖形，花托杯状，花梗短、有刚毛、紫红色。小叶阔卵形，叶面皱，边缘下卷，叶深绿色，叶纸质，叶质厚，叶缘粗锯齿状。枝条粗、硬、较长，暗绿色；皮刺弯、多、中等大小、间杂刚毛状细刺，刺体黄绿泛红。植株半开张型，高大强健，勤花、耐开，色泽艳丽，花容端庄。

● **亲本**：'Peace'×[（'Happiness'×'Chrysler Imperial'）×'El Capitan']

● **培育者**：1973 年美国 Swim & Weeks。

现代月季 ● 杂交茶香月季（HT.）

'肖像'（'Portrait'）HT.

● **别名**：'照相'，'MEYpink'

● **性状**：花初放时为深粉红色泛橙晕，随开放花色变淡呈桃红色。花朵高心卷边、满心，花径约13 cm，花瓣长阔形、40~45枚，浓香。花蕾卵形，花托钟状，花梗硬挺、有刚毛、绿色。小叶椭圆形或卵形，叶深绿色半光泽，叶面略皱，叶脉明显，叶缘细锯齿状，嫩叶泛红。枝条硬挺，泛红；皮刺弯、少、中等大小，刺体橙色。植株高大、直立型，分枝力强，花色纯净，花型优美，勤花、耐开。

● **亲本**：'Pink Parfait'דPink Peace'

● **培育者**：1971年之前美国Carl Meyer。

'一等奖'（'First Prize'）HT.

● **别名**：'桂冠'，'头奖'

● **性状**：花粉红色，瓣背颜色较深，瓣面随开放颜色加深。花朵高心卷边、半露心，花径 14~16 cm，花瓣阔圆形，24~30 枚，微香。花蕾圆尖形，花托杯状，花梗粗、长、硬、绿色泛红，有稀疏刚毛。小叶椭圆形，叶大稠密，叶脉较明显，叶面略皱，叶深绿色半光泽，叶纸质，叶缘粗锯齿状。枝条粗、长、硬，泛红色；皮刺直、多、中等大小，刺体泛红。植株半开张型，分枝力强，生长势强，花大型美，典雅高贵。

● **亲本**：Seedling of 'Enchantment' × Seedling of 'Golden Masterpiece'

● **培育者**：1967 年之前美国 Eugene S. "Gene" Boerner。

'绯扇'（'Hi ogi'）HT.

● **性状**：花朱红色，瓣背较深呈暗红色。花朵高心卷边，花径 13~15 cm，花瓣阔圆形、瓣质厚、30~35 枚，微香。花蕾圆尖形，花托杯状，花梗硬挺、有刚毛、翠绿微泛红。小叶椭圆形，叶深绿色无光泽，叶面略皱，叶缘细锯齿状。枝条长、硬挺，紫红色；皮刺斜直、中等大小、较密，刺体红色。植株半开张型，长势强健，抗病力强，花大色艳，勤花、耐开。

● **亲本**：'San Francisco' ×（'Montezuma' × 'Peace'）

● **培育者**：1981 年日本 Seizo Suzuki。

'红眼睛'（'Exciting-M'）HT.

- **别名**：'刺激'，'MEIkerdobler'
- **性状**：花朱红色，雄蕊瓣化，中心呈绿色。花朵盘状，花径 4~6 cm，花瓣波形、瓣质厚、17~25 枚，无香味。花蕾圆尖形，花托三角状，花梗硬直、无刚毛、紫红色。小叶椭圆形，叶深绿色无光泽，叶纸质，叶质厚，叶缘粗锯齿状。枝条硬挺，紫红色，近无刺。植株直立型，分枝力强，花容奇异，别有趣味。

- **亲本**：'Unnamed Seedling' × 'Unnamed Seedling'
- **培育者**：2009 年之前法国 Matthias Meilland。

现代月季 ● 杂交茶香月季（HT.）

'热腊'（'Hot Pewter'）HT.

● **别名**：'Crucenia'

● **性状**：花朱红色。花朵高心卷边，盛开时花瓣略翘角，花径 12~13 cm，花瓣阔卵形、瓣质中等、30~35 枚，微香。花蕾圆尖形，花托球状，花梗泛红、无刚毛。小叶椭圆形，叶深绿色无光泽，叶脉明显，叶面略皱，叶缘粗锯齿状。枝条粗、硬，绿色；皮刺弯、中等大小、较密，刺体橙红色。植株半开张型，生长健壮，花色鲜艳，花型丰满。

● **亲本**：'Alec's Red'×'Red Dandy'

● **培育者**：1978 年英国 Harkness。

'香云'（'Fragrant Cloud'）HT.

- **别名**：'TANellis'
- **性状**：花朱红色。花朵高心卷边，半露心，花径 10~12 cm，花瓣扇形、瓣质中等、30~35 枚，浓香。花蕾圆尖形，花托碗状，花梗长、有刚毛、泛红。小叶椭圆形，大型叶，叶深绿色半光泽，叶面平展，叶纸质，叶质厚，幼叶暗红色，叶缘粗锯齿状。枝条粗、长、硬挺，暗绿泛红；皮刺弯、中小间杂、稀疏，刺体红色。植株半开张型，长势强健，花型奔放，勤花、耐开。
- **亲本**：'Prima Ballerina' × 'Montezuma'
- **培育者**：1956 年德国 Mathias Tantau。

'樱桃白兰地'（'Cherry Brandy'）HT.

● **性状**：花朱红色，有透明感。花朵高心卷边，半露心，花径 10~12 cm，花瓣扇形、瓣质薄、34~50 枚，微香。花蕾圆尖形，花托杯状，花梗较长、硬度中等、密布刚毛、泛红。小叶阔椭圆形，叶深绿色半光泽，叶质厚，叶脉明显，叶缘细锯齿状。枝条长、硬，绿色；皮刺斜直、小、稀疏，刺体泛红。植株直立型，高大，长势强健，花色艳丽，勤花、耐开。

● **亲本**：'Unnamed Seedling'בUnnamed Seedling'

● **培育者**：1965 年德国 Mathias Tantau。

'月季夫人'（'Lady Rose'）HT.

● **别名**：'KORlady'

● **性状**：花鲜朱红色，略有绒光。花朵高心卷边、满心，盛开时花瓣略翘角，花径
11~13 cm，花瓣阔圆形、25~30枚、
微香。花蕾圆尖形，花托钟状，花
梗硬挺、有刚毛、紫红色。小叶椭
圆形，叶大稠密，叶深绿色无光泽，
叶纸质，叶面平展，叶缘粗锯齿状。
枝条硬挺，紫红色；皮刺弯、较密、
中等大小，刺体红色。植株半开张
型，分枝力强，长势强健，花色娇艳，
花型丰满。

● **亲本**：'Unnamed Seedling' ×
'Traumerei'

● **培育者**：1972 年德国 Reimer Kor-
des。

現代月季 ● 杂交茶香月季（HT.）

‘朱王’（‘Shu oh’）HT.

● **性状**：花鲜朱红色。花朵高心翘角、满心，花径 12~13 cm，花瓣阔圆形、瓣质厚、35~39 枚，无香味。花蕾卵形，花托三角状，花梗短、硬、有刚毛、绿色，单朵着生。小叶椭圆形，叶深绿色有光泽，叶革质，叶质中等，叶面略皱，叶缘细锯齿状。枝条长、硬挺，紫红色；皮刺弯、大、密，刺体黄绿泛红。植株直立型，长势强健，花色鲜艳，花型优美。

● **亲本**：‘San Francisco’ × ‘Phara oh’

● **培育者**：1982 年日本 Seizo Suzuki。

'明星'（'Super Star'）HT.

● **别名**：'超星'，'超级明星'，'热带风光'，'TANorstar'

● **性状**：花朱红色。花朵高心翘角，花径 10~13 cm，花瓣扇形，瓣脉清晰，30~35 枚，芳香。花蕾圆尖形，花托杯状，花梗硬挺、有刚毛、绿色。小叶卵形，叶深绿色无光泽，叶脉较明显，叶面略皱上翻，叶缘粗锯齿状，嫩叶红色。枝条硬挺，绿色；皮刺弯、密、中小间杂。植株半开张型，生长健壮，花色鲜艳，勤花、耐开。

● **亲本**：Seedling 5135 (Tantau) × Seedling (Pollen parent of 'Super Srar'）

● **培育者**：1960 年德国 Mathias Tantau。

'柏林'（'Red Berlin'）HT.

- **别名**：'血海'，'OLljplam'
- **性状**：花深红色。花朵卷边盘状，不露心，花径 10~11 cm，花瓣圆形、瓣质中等、35 枚，微香。花蕾圆尖形，花托碗状，花梗硬挺、有刚毛、泛红。小叶阔椭圆形，叶绿色半光泽，叶缘细锯齿状，嫩叶泛红。枝条粗、硬、长，紫红色；皮刺直、多、中等大小，刺体红色。植株高大、直立型，分枝力强，长势强壮，花大优美。
- **亲本**：'Unnamed Seedling'×'Unnamed Seedling'
- **培育者**：1999 年德国。

'丛中笑'（'Dame de Coeur'）HT.

● **别名**：'意中夫人'，'圣母的心'，'红桃皇后'，'Queen of Hearts'
● **性状**：花大红色。花朵高心卷边、微翘满心，花径 12 cm，花瓣圆形、瓣质厚、50 枚左右、排列紧凑，芳香。花蕾球形，花托钟状。小叶圆形至阔卵形，叶深绿色半光泽，叶纸质，叶质厚，叶缘下卷，叶缘粗锯齿状。枝条粗、长、硬、绿色；皮刺弯、大、较密，刺体黄绿色刺尖泛红。植株半开张型，分枝力极强，花量大，花耐开，花型优美。
● **亲本**：'Peace' × 'Independence'
● **培育者**：1958 年比利时 Louis Lens。

现代月季 ● 杂交茶香月季（HT.）

'大丰收'（'Grand Gala'）HT.

- **别名**：'MEIqualis'
- **性状**：花深红色，带绒光。花朵杯状、不露心，花径 9~10 cm，花瓣圆形、瓣质中等、38~48 枚，浓香，单朵着生。花蕾卵形，花托三角状，花梗硬挺、无刚毛、泛红。小叶卵形，叶绿色半光泽，叶纸质，叶质厚，叶脉明显，叶缘粗锯齿状，嫩叶黄绿泛红。枝条硬挺，紫红色，近无刺。植株直立型，生长健壮，分枝力强，花色艳丽，花型雅致。
- **亲本**：（'Edith Piaf'×'Visa'）×（'Unnamed Seedling'×'Madelon'）
- **培育者**：1995 年法国 Alain Meilland。

'恩典女王'（'Grace Queen'）HT.

- **性状**：花深玫瑰红色，外层花瓣边缘紫红色。花朵四心莲座状，花径 9~10 cm，花瓣扇形、瓣质中等、千重瓣、81~104 枚，芳香。花蕾圆形，花托杯状，花梗硬度中等、有刚毛。小叶卵形，叶绿色半光泽，叶质厚，叶面上翻，叶缘粗锯齿状。枝条硬度中等；皮刺弯、中等大小、较密，刺体橙色。植株开张型，分枝力强，花色艳丽，花型优雅大方。
- **亲本**：'Unnamed Seedling' × 'Unnamed Seedling'
- **培育者**：2008 年日本 Junko Kawamoto。

现代月季 ● 杂交茶香月季（HT.）

'黑魔术'（'Black Magic'）HT.

- **别名**：'TANkalgic'
- **性状**：花黑红色，有绒光。花朵高心卷边、露心，花径 13~15 cm，花瓣圆形、瓣质中等、20~25 枚，微香。花蕾卵形，花托三角状，花梗硬挺、有刚毛、紫红色，单朵着生。小叶长椭圆形，叶深绿色无光泽，叶纸质，叶质薄，叶缘粗锯齿状，嫩叶泛红。枝条硬挺，暗红色；皮刺斜直、大小间杂、刺体泛红。植株高大，半开张型，生长健壮，花型优美，勤花、耐开。
- **亲本**：'Red Velvet' × 'Cora Marie'
- **培育者**：1995 年之前德国 Hans Jürgen Evers。

'黑旋风' HT.

- **性状**：花黑红色。花朵高心翘角、满心，花径 10~11 cm，花瓣扇形、瓣质中等、52~60 枚、旋转排列、极紧密，无香味。花蕾圆尖形，花托碗状，花梗粗壮、挺拔、有刚毛、绿色、单朵着生。小叶圆形，叶深绿色半光泽，叶纸质，叶质薄，叶面略皱，叶缘细锯齿状，嫩叶黄绿泛红。枝条硬挺，绿色泛红；皮刺小、密、直，刺体黄绿微泛红。植株高大，直立型，生长健壮，花型优美。
- **亲本**：'Crimson Giory' × 'Baccara'
- **培育者**：1962 年中国杭州花圃宗荣林。

现代月季 ● 杂交茶香月季（HT.）

'红丝绒'（'Red Velvet'）HT.

- **别名**：'TANorelav'
- **性状**：花暗红色。花朵高心卷边，花径 8~10 cm，花瓣阔圆形、瓣质中等、30~35 枚，无香味。花蕾圆尖形，花托杯状，花梗细长、有刚毛、泛红。小叶长卵形，叶深绿色半光泽，叶纸质，叶质厚，叶缘细锯齿状。枝条硬挺，绿色泛红；皮刺直、中等大小、稀疏，刺体红黄色。植株直立型，分枝力强，花色娇艳，花型优美，勤花、多花。
- **亲本**：'Unnamed Seedling' × 'Unnamed Seedling'
- **培育者**：1994 年德国 Hans Jürgen Evers。

'红衣主教'（'Kardinal 85'）HT.

- **别名**：'KORlingo'
- **性状**：花红色。花朵高心翘角，花径12~13 cm，花瓣阔圆形、26~28枚、排列紧凑整齐，微香。花蕾圆形，花托杯状，花梗硬挺、无刚毛，单朵着生。小叶椭圆形，叶脉明显，叶缘刺齿状，叶面平展，叶深绿色半光泽，叶纸质，叶质厚，嫩叶泛红。枝条硬挺，直，泛红；皮刺钩刺，中等大小、较密，刺体泛红。植株半开张型，分枝力强，长势健壮，花容端庄，花量大。
- **亲本**：'Flamingo'דUnnamed Seedling'
- **培育者**：1985年德国 Reimer Kordes。

'皇家胭脂'（'Rouge Royale'）HT.

● **别名**：'阿兰苏松'，'MEIkarouz'，'Alain Souchon'
● **性状**：花深红色。花朵四心莲座状，花径 11~12 cm，花瓣圆形、瓣质厚、千重瓣、

87~111 枚，芳香。花蕾圆尖形，花托杯状，花梗硬挺、有刚毛、暗红色。小叶阔圆形，叶绿色半光泽，叶纸质，叶质厚，叶脉明显，叶缘粗锯齿状。枝条硬挺，泛红色；皮刺直、中等大小、较密，刺体泛红。植株直立型，分枝力强，长势强健，勤花，可多季节重复开放。

● **亲本**：'Charlotte Rampling'×（'Ambassador'×'Marion Foster'）
● **培育者**：2000 年法国 Jacques Mouchotte。

'卡托尔纸牌'（'Baccará'）HT.

● **别名**：'MEIger'，'Jacqueline'

● **性状**：花深红色。花朵高心卷边，满心，花径 13~15 cm，花瓣阔圆形、瓣质厚、千重瓣、40~45 枚，微香。花蕾圆尖形，花托杯状，花梗短直、有刚毛、嫩梗绿色，老梗紫红色。小叶长椭圆形，叶深绿色无光泽，叶质薄，叶缘细锯齿状，嫩叶红色。枝条较细，泛红；皮刺直、中等大小、稀疏，刺体红色。植株直立型，花大色艳，花型优美。

● **亲本**：'Happiness'×'Independence'

● **培育者**：1954 年之前法国 Francis Meilland。

'梅朗口红'（'Rouge Meilland'）HT.

- **别名**：'罗琪·梅朗'，'MEImalyna'
- **性状**：花深红色，有绒光。花朵高心卷边，花径 12~13 cm，花瓣扇形、瓣质厚、25 枚，无香味。花蕾圆尖形，花托杯状，花梗硬挺、有少量刚毛。小叶阔卵形至圆形，中大型叶，叶深绿色无光泽，叶纸质，叶质厚，叶面略皱，叶缘细锯齿状。枝条长、硬，翠绿色；皮刺弯、中等大小、较密，刺体橙红色。植株高大，半开张型，花大色艳，勤花、多花。

- **亲本**：Seedling of {[('Queen Elizabeth' × 'Karl Herbst') × 'Pharaoh'] × 'Antonia Ridge'} × 'Antonia Ridge'
- **培育者**：1982 年法国 Marie-Louise (Louisette) Meilland(Paolino)。

'亚历克红'（'Alec's Red'）HT.

● **别名**：'COred'

● **性状**：花深红色。花朵高心卷边，花径 10~12 cm，花瓣阔卵形、36~45 枚，芳香。花蕾卵形，花托杯状，花梗硬挺、无刚毛、泛红。小叶椭圆形，叶深绿色无光泽，叶脉略明显，叶面皱，叶缘粗锯齿状。枝条硬挺，暗红色；皮刺弯、中等大小、较密，刺体深橙红色。植株半开张型，生长旺盛，分枝力强，花型优美，勤花、耐开。

● **亲本**：'Fragrant Cloud' × 'Dame de Coeur'

● **培育者**：1970 年苏格兰 Alexander M. (Alec) Cocker。

现代月季 ● 杂交茶香月季（HT.）

'宴'（'Utage'）HT.

● **别名**：'Banquet'

● **性状**：花鲜红色，瓣面有绒光。花朵高心翘角、不露心，花径12~14 cm，花瓣扇形、瓣质薄、25~27枚，微香。花蕾笔尖形，花托杯状，花梗硬挺、无刚毛、紫红色。小叶椭圆形，叶深绿色无光泽，叶纸质，叶质薄，叶面下卷，叶缘细锯齿状，嫩叶黄绿色。枝条粗壮，紫红色；皮刺钩刺、小、稀疏，刺体红色。植株半开张型，长势较强，分枝力强，花色鲜艳，花型优美。

● **亲本**：'Unnamed Seedling' × 'Unnamed Seedling'

● **培育者**：1979年之前日本Keisei Rose Nursery。

'朱光墨影'（'Roundelay'）HT.

● **别名**：'圆舞曲'，'朗特里'，'墨红'

● **性状**：花深红色，有绒光。花朵盘状平瓣、满心，花径约 12 cm，花瓣长阔形、35~45 枚、排列紧凑，浓香。花蕾圆尖形，花托杯状，花梗较细、长、有刚毛。小叶阔椭圆形，叶深绿色半光泽，叶面略皱，叶缘粗锯齿状。枝条硬挺，皮刺斜直、多、中等大小，刺体泛红。植株开张型、勤花、多花，花量大。

● **亲本**：'Charlotte Armstrong' × 'Floradora'

● **培育者**：1954 年美国 Herbert C. Swim。

现代月季 ● 杂交茶香月季（HT.）

‘朱诺’（‘Juno’）HT.

- **性状**：花茶红色。花朵盘状卷边、半露心，花径约 8 cm，花瓣阔圆形、瓣质厚、30~
  35 枚，微香。花蕾圆尖形，花托碗状，花梗硬挺、有刚毛、绿色。小叶卵形，叶绿
  色半光泽，叶面略皱，叶缘刺齿状。枝条硬挺；皮刺直、中等大小、较密，刺体红色。
  植株直立型，挺拔强健，花色奇特，鲜艳夺目。
- **亲本**：‘Duquesa de Peñaranda’ × ‘Charlotte Armstrong’
- **培育者**：1948 年之前美国 Herbert C. Swim。

'X 夫人'('Lady X') HT.

● **别名:** 'MEIfigu'

● **性状:** 花淡蓝色。花朵高心翘角、不露心,花径 11~12 cm,花瓣阔圆形、瓣质薄、32~38 枚,微香。花蕾圆尖形,花托杯状,花梗软、有刚毛、绿色。小叶椭圆形,叶绿色无光泽,叶纸质,叶质薄,叶缘粗锯齿状。枝条长、硬,皮刺弯、大、多,刺体红色。植株半开张型,高大,生长旺盛,分枝力强,花型优雅,勤花、耐开。

● **亲本:** 'Unnamed Seedling' × 'Simone'

● **培育者:** 1965 年法国 Marie-Louise (Louisette) Meilland (Paolino)。

'蓝河'（'Blue Rivery'）HT.

- **别名**：'KORsicht'
- **性状**：花蓝紫色，瓣边缘有紫红晕。花朵杯状、满心，花径 10~12 cm，花瓣近圆形、35~43 枚，浓香。花蕾圆尖形，花托杯状，花梗翠绿、有刚毛。小叶卵形，叶绿色有光泽，叶脉明显，叶缘细锯齿状。枝条长、细；皮刺直、小、较密，刺体泛红。植株半开张型，长势强健，花色奇异，花型优美，香味浓郁。
- **亲本**：'Blue Moon' × 'Zorina'
- **培育者**：1984 年德国 Reimer Kordes。

'蓝和平'（'Orchid Masterpiece'）HT.

● **别名**：'蓝极品'，'第一蓝'

● **性状**：花淡蓝色，瓣面紫红晕。花朵盘
状、露心，花径 10~12 cm，花瓣近圆形、
瓣质薄、25~30 枚，微香。花蕾圆尖形，
花托三角状，花梗翠绿、无刚毛。小叶椭
圆形，叶深绿色半光泽，叶缘下翻、叶缘
粗锯齿状。枝条硬挺，翠绿色；皮刺弯、
中小间杂，刺体绿色泛红。植株半开张型，
长势强健，花型优美。

● **亲本**：'Golden Masterpiece' × Seed-
ling of 'Grey Pearl'

● **培育者**：1960 年之前美国 Eugene S.
"Gene" Boerner。

'蓝花楹'（'Jacaranda'）HT.

● **别名**：'JacaKOR'
● **性状**：花蓝紫色，花瓣浅粉泛蓝紫色。花高心卷边、花径 10~12 cm、35 枚、排列松散，浓香。花蕾笔尖形，花托碗状，花梗短、有刚毛、泛红。小叶椭圆形，叶深绿色有光泽，叶脉明显，叶缘细锯齿状，嫩叶泛红。枝条直、长，硬挺，暗红色；皮刺直、中等大小、稀疏，刺体红色。植株直立型，生长健壮，花色娇艳，花量大。

● **亲本**：（'Mercedes' × 'Emily Post'）× 'Omega'
● **培育者**：1985 年德国 Reimer Kordes。

'蓝月'（Blue Moon）HT.

● **别名**：'蓝月亮'，'朦胧月'，'TANnacht.'
● **性状**：花淡蓝紫色。花朵高心卷边，满心，花径 10~12 cm，花瓣卵形、23~30 枚、瓣质厚，浓香。花蕾圆尖形，花托钟状，花梗硬挺、黄绿泛红、无刚毛。小叶圆形，叶绿色有光泽，叶缘细锯齿状，叶面边缘略向下翻。枝条粗、长、硬，翠绿泛暗红；皮刺斜直、稀疏、中等大小，刺体泛红。植株直立型，较高，长势强健，多花、勤花、耐开，花型优美，色泽淡雅。
● **亲本**：Seedling of 'Sterling Silver' × 'Unnamed Seedling'
● **培育者**：1964 年之前德国 Mathias Tantau。

'美多斯'（'Méduse'）HT.

● **别名**：'GAUdengi'

● **性状**：花蓝紫色，花瓣红泛蓝紫色，后期色淡。花朵高心卷边，不露心，花径

12~13 cm，花瓣阔圆形、瓣质薄、约33枚，微香。花蕾圆尖形，花托杯状，花梗硬挺、有刚毛。小叶卵形，叶绿色无光泽，叶面平展，叶缘细锯齿状。枝条硬挺；皮刺斜直、小、较稀疏，刺体绿色泛红。植株直立型，长势强健，花色独特，花型优美。

● **亲本**：'Château de Chenonceaux' × 'Tropicana'

● **培育者**：1981 年法国 Jean-Marie Gaujard。

'桃灼蓝天' HT.

● **性状**：花蓝紫色，花瓣桃红，瓣周泛紫红晕。花朵高心卷边、满心，花径约 12 cm，花瓣倒阔卵形、瓣质薄、瓣脉不明显、千重瓣、约 65 枚，清香。花蕾圆尖形，花托杯状，花梗粗、硬挺、无刚毛、紫红色。小叶卵形至椭圆形，叶深绿色半光泽，叶纸质，叶质薄，叶脉略明显，叶缘粗锯齿状，嫩叶紫红色。枝条直立，硬挺，绿色，嫩枝泛紫红色；皮刺直、少、小，刺体紫红色。植株直立型，中等高度，分枝力强，长势强健，花色鲜艳，别具一格，勤花、耐开。

● **亲本**：'肖像' × 'X 夫人'

● **培育者**：1989 年中国河南郑州市城市园林科学研究所雒金国和王安定。

现代月季 ● 杂交茶香月季（HT.）

'天堂'（'Paradise'）HT.

- **别名**：'WEZeip'，'Passion'，'Burning Sky'
- **性状**：花蓝紫色，边缘泛深桃红色。花朵高心卷边、满心，花径10~12 cm，花瓣阔圆形，30~35枚、排列整齐，微香。花蕾卵形，花托杯状，花梗粗硬、刚毛稀少、泛红色。小叶卵形，叶大稠密，叶缘粗锯齿状，叶脉较明显，叶面略皱，边缘下翻，叶深绿色半光泽，幼叶泛红。枝条弯、粗、长，嫩枝泛紫红色；皮刺直、大、较密，刺体泛红色。植株高大，半开张型，分枝力强，生长健壮，勤花、耐开，色彩雅致，花容优美。
- **亲本**：'Swarthmore' × Seedling of 'Angel Face'
- **培育者**：1975年美国O. L. Weeks。

‘紫雾’（‘Mirandy’）HT.

- **别名**：‘香紫红’，‘米郎田’，‘紫黑玉’，‘墨绒’，‘墨龙’
- **性状**：花蓝紫红色，有绒光，外层瓣深蓝紫红色。花朵高心翘角、不露心，花径 10~12 cm，花瓣圆形、约40枚、排列较松散，浓香。花蕾卵形，花托钟状，花梗长、软、近无刚毛、泛红。小叶椭圆形，叶脉不明显，叶面粗糙，叶深绿色无光泽，中等厚度，叶缘细锯齿状。枝条粗、硬、泛红色；皮刺弯、中等大小、较密，刺体黄绿色。植株直立型，分枝力强，长势健壮，花大，香味浓郁。

- **亲本**：‘Night’×‘Charlotte Armstrong’
- **培育者**：1944 年之前美国 Dr. Walter E. Lammerts。

现代月季 ● 杂交茶香月季（HT.）

'赌城'（'Las Vegas'）HT.

● **别名**：'拉斯维加斯'，'KORgane'
● **性状**：花表里双色，瓣表面深朱红色，背面橘黄色，有绒光。花朵高心翘角、露心，花径 12~13 cm，花瓣圆形、25~30 枚，无香味。花蕾圆尖形，花托杯状，花梗细长、直、密布刚毛、泛红。小叶卵形，叶深绿色半光泽，叶面平展，叶缘粗锯齿状。枝条硬挺，绿色泛红；皮刺斜直、大、较密，刺体暗红色。植株半开张型，生长健壮，分枝力强，花色鲜艳明亮，花型潇洒。

● **亲本**：'Ludwigshafen am Rhein' × 'Feuerzauber'
● **培育者**：1972 年之前德国 Reimer Kordes。

‘火和平’（‘Flaming Peace’）HT.

● **别名**：‘古龙’，‘老 K’，‘复色和平’，‘MACbo’，‘Kronenbourg’

● **性状**：花表里双色，瓣背橙黄色至土黄色，瓣面鲜红色，有紫红色绒光。花朵高心卷边，花径 12~13 cm，花瓣阔卵形、瓣质厚、35~40 枚、排列紧凑，微香。花蕾圆尖形，花托钟状，花梗硬挺、有刚毛、泛红。小叶阔卵形，中大型叶，叶深绿色有光泽，叶革质，叶质厚，叶面皱，叶缘细锯齿状。枝条硬挺，泛紫红色；皮刺弯、大、多，刺体泛红。植株半开张型，长势强健，花容奔放，勤花、耐开。

● **亲本**：Sport of ‘Peace’

● **培育者**：1959 年英国 Samuel Darragh McGredy IV。

现代月季 ● 杂交茶香月季（HT.）

‘加里娃达’（‘Gallivarda’）HT.

● **别名**：‘Galsar’

● **性状**：花表里双色，瓣背黄色，瓣面红色，基部黄色。花朵高心翘角、露心，花径10~12 cm，花瓣阔圆形、23~28枚，芳香。花蕾笔尖形，花托碗状，花梗密布明显

小刺刚毛、泛红。小叶卵形，叶深绿色有光泽，叶脉明显，叶缘粗锯齿状，嫩叶黄绿泛红。枝条硬挺，直且长，泛红；皮刺斜直、中小间杂、稀疏，刺体泛红。植株直立型，分枝力强，长势强健，花色艳丽，勤花、耐开。

● **亲本**：‘Colour Wonder’ × ‘Wiener Charme’

● **培育者**：1977年德国Reimer Kordes。

'金背大红'（'Condesa de Sastago'）HT.

- **性状**：花表里双色，瓣面粉红色，瓣背金黄色。花朵盘状平瓣、半露心，花径 11~13 cm，花瓣扇形、瓣质厚、32~35 枚、浓香。花蕾圆形，花托杯状，花梗硬挺、密布刚毛。小叶椭圆形，叶深绿色有光泽，叶脉明显，叶革质，叶质厚，叶面略皱，叶缘腺齿状，嫩叶黄绿色。枝条硬挺，翠绿色；皮刺弯、大小间杂、稀疏，刺体黄绿色。植株直立型，分枝力强，长势强健，勤花、多花，花色夺目。
- **亲本**：（'Souvenir de Claudius Pernet' × 'Maréchal Foch'）× 'Margaret McGredy'
- **培育者**：1930 年西班牙 Pedro (Pere) Dot。

'梅朗随想曲'（'Caprice de Meilland'）HT.

● **性状**：花表里双色，瓣面鲜红色，瓣背黄色。花朵高心卷边，花径约 13 cm，花瓣

扇形、重瓣、有绒光、无香味。花蕾圆尖形，花托杯状，花梗直、有刚毛、泛紫红色。小叶椭圆形，叶深绿色有光泽，叶革质，叶质厚，叶面平展，叶缘细锯齿状。枝条硬挺、翠绿色，嫩枝棕红色；皮刺有直有弯、中等大小、稀疏，刺体橙红色。植株高大，半开张型，花色艳丽，花型优雅、多花、耐开。

● **亲本**：'Unnamed Seedling' × 'Unnamed Seedling'

● **培育者**：1984 年法国。

'希望'（'Kib oh'）HT.

- **别名**：'Gypsy Carnival'，'Lovita'
- **性状**：花表里双色，深红瓣面，金黄瓣背。花朵高心卷边，花径 11~13 cm，花瓣圆形、瓣质中等、30~40 枚，无香味。花蕾圆尖形，花托杯状，花梗细、有刚毛、泛紫红色。小叶卵形，叶深绿色有光泽，叶革质，叶质厚，叶缘粗锯齿状，嫩叶泛红。枝条细、硬，绿色；皮刺直、中等大小、稀疏，刺体红黄色。植株半开张型，生长强健，适应性强。
- **亲本**：'Liberty Bell' × 'Kagayaki'
- **培育者**：1985 年之前日本 Seizo Suzuki。

现代月季 ● 杂交茶香月季（HT.）

'我的选择'（'My Choice'）HT.

● **别名**：'我爱'，'如愿'

● **性状**：花表里双色，瓣面淡桃红色，瓣背淡黄色，后期表面呈淡粉红色，背呈乳黄色。

花朵高心卷边、满心，花径 12~14 cm，花瓣长阔瓣、25~35 枚，浓香。花蕾圆尖形，花托杯状，花梗短、无刚毛、绿色。小叶椭圆形，中大型叶，叶深绿色无光泽，叶面发皱，叶缘粗锯齿状。枝条粗、长，紫红色；皮刺弯、大，较密，刺体暗红色。植株直立型，长势强健，花容雅致，花大丰满。

● **亲本**：'Wellworth' × 'Ena Harkness'

● **培育者**：1958 年英国 Edward Burton Le Grice。

'阿班斯'（'Ambiance'）HT.

- **别名**：'Nirpnufdeu'
- **性状**：花黄红复色，花瓣淡黄色，瓣周桃红色晕。花朵高心翘角、满心，花径10~12 cm，花瓣扇形、约36枚，芳香。花蕾圆尖形，花托杯状，花梗硬挺、泛红、无刚毛。小叶卵形，叶绿色有光泽，叶脉明显，叶缘细锯齿状。枝条硬挺、翠绿色；皮刺直、大、密，刺体黄绿泛红。植株直立型，分枝力强，花色清新艳丽，花型优雅。

- **亲本**：['Papa Meilland'×（'Ilona'×'Marina'）]× 'Unnamed Seedling'
- **培育者**：法国 NIRP International。

'阿比沙利卡'（'Abhisarika'）HT.

● **性状**：花黄红复色，花瓣柠檬黄色，带红色条纹、斑块，泛红晕。花朵高心卷边、露心，花径约 8 cm，花瓣扇形、瓣质薄、约 40 枚，微香。花蕾笔尖形，花托杯状，花梗短硬、有刚毛。小叶卵形，叶绿色有光泽，叶面略皱，叶缘细锯齿状。枝条硬挺，嫩枝泛红色；皮刺直、中小间杂、较稀疏，刺体红色。植株直立型，分枝力强，花色奇特，花量大。

● **亲本**：Sport of 'Kiss of Fire'

● **培育者**：1971 年印度 U.S. Kaicker。

'阿林卡'（'Alinka'）HT.

- **性状**：花红黄复色，瓣基黄色，瓣面橘红色。花朵高心卷边，花径约 12 cm，花瓣扇形、瓣质薄、30~34 枚，无香味。花蕾卵形，花托杯状，花梗硬挺、密布刚毛，单朵着生。小叶卵形，叶绿色无光泽，叶纸质，叶质厚，叶缘细锯齿状，嫩叶黄绿色。枝条硬挺，翠绿色；皮刺弯、大小间杂，刺体红色。植株半开张型，长势强健，分枝力强，花型优雅，色彩夺目。
- **亲本**：'Unnamed Seedling' × 'Unnamed Seedling'
- **培育者**：1985 年德国 Reimer Kordes。

'百老汇'（'Broadway'）HT.

● **别名**：'BURway'

● **性状**：花黄红复色，花心橙黄色，外瓣泛红晕。花朵高心卷边，花径 11~12 cm，花瓣近圆形、30~35 枚，浓香。花蕾圆尖形，花托钟状，花梗粗、长、硬，有稀疏刚毛，单朵着生。小叶椭圆形，叶脉明显，叶深绿色半光泽，稠密，叶缘细锯齿状。枝条粗、硬，皮刺钩刺、小，刺体红色。植株直立型，高大，长势强健，花型优雅，花色艳丽。

● **亲本**：'World Peace'×'Sutter's Gold'

● **培育者**：1985 年美国 Anthony Perry。

'北极风神' HT.

- **性状**：花红黄复色，瓣基杏黄色，瓣缘泛粉红晕。花朵杯状、露心，花径 12~14 cm，花瓣扇形、瓣质中等、约 35 枚，微香。花蕾卵形，花托碗状，花梗短硬、密布刚毛、绿色。小叶椭圆形，叶深绿色有光泽，叶革质，叶质厚，叶脉略明显，叶缘粗锯齿状，嫩叶黄绿色。枝条硬挺，绿色；皮刺直、密、大小间杂，刺体嫩枝黄色，老枝红色。植株长势强健，花色艳丽，花型优美，勤花、耐开。
- **亲本**：'Unnamde Seeding' × 'unnamed Seeding'

'彩云'（'Sai Un'）HT.

● **性状**：花黄红复色，瓣基橙黄色，瓣面边缘绯红色，有绒光。花朵高心卷边、满心，花径12~14 cm,花瓣长阔形、瓣质厚、50~56枚，无香味。花蕾卵形，花托杯状，花梗长直、有刚毛、绿色泛红。小叶阔椭圆形，大型叶，叶深绿色有光泽，叶面略皱，叶脉明显，叶缘粗锯齿状，嫩叶红色。枝条粗壮，节间短，绿色；皮刺斜直、稀疏、中小间杂，刺体红色。植株直立型，分枝力强，长势强健，花色绚丽，花容端庄，勤花、耐开。

● **亲本**：（'Maria Callas'דKagayaki'）× 'Unnamed Seedling'

● **培育者**：1980 年之前日本 Seizo Suzuki。

'查可克'（'Chacock'）HT.

● **别名**：'却可克'，'MEIcloux'，'Fakir'

● **性状**：花黄红复色，瓣面鲜朱红色，瓣基金黄色，随开放红面加深。花朵高心卷边、半露心，花径 9~10 cm，花瓣阔圆形、瓣质薄、50~55 枚，无香味。花蕾圆尖形，花托杯状，花梗硬挺、密布刚毛、泛红、单朵着生。小叶卵形，叶深绿色有光泽，叶革质，叶质厚，叶缘腺齿状。枝条粗、硬，紫红色；皮刺弯、大、密，刺体红色。植株半开张型，中等高度，花量大，勤花、耐开。

● **亲本**：'Frenzy'×[（'Zambra'×'Suspense'）×'King's Ransom'）]

● **培育者**：1983 年法国 Marie-Louise (Louisette) Meilland(Paolino)。

现代月季 ● 杂交茶香月季（HT.）

'朝云'（'Asa Gumo'）HT.

● **别名**：'东方亮''Oriental Dawn'

● **性状**：花红黄复色，花瓣橙黄色，瓣周镶红边，日晒后颜色加深。花朵高心卷边、半露心，花径约 13 cm，花瓣扇形、瓣质薄、33~38 枚，清香。花蕾圆尖形，花托杯状，花梗硬挺、有刚毛、泛红。小叶卵形至椭圆形，叶深绿色有光泽，叶脉略明显，叶革质，叶质厚，叶缘细锯齿状，嫩叶泛红。枝条硬挺，绿色泛红；皮刺斜直、中等大小、较密，刺体黄绿泛红。植株半开张型，生长健壮，花量大，勤花、耐开。

● **亲本**：Seedling of 'Peace' × Seedling of 'Charleston'

● **培育者**：1968 年之前日本 Seizo Suzuki。

'春'（'Printemps'）HT.

- **别名**：'春金'
- **性状**：花红黄复色，瓣端淡桃红色，瓣中橙黄色，瓣基金黄色。花朵卷边杯状、半露心，花径 10~12 cm，花瓣圆形、35~40 枚，芳香。花蕾圆尖形，花托钟状，花梗细长、有刚毛、黄绿泛红，单朵着生。小叶卵形，叶深绿色半光泽，叶脉略明显，叶缘粗锯齿状。枝条粗、硬、直，翠绿泛紫红；皮刺弯、多、中小间杂，刺体暗红色。植株直立型，长势强健，花大色艳，花型优雅，勤花、耐开。
- **亲本**：'Trylon' × 'Brazier'
- **培育者**：1948 年之前法国 Charles Mallerin。

现代月季 ● 杂交茶香月季（HT.）

'丹顶'（'Tan Cho'）HT.

● **性状**：花红白复色，花心粉白色，瓣缘有红至粉红色的晕。花朵高心卷边、半露心，花径 12~14 cm，花瓣圆形、28~35 枚，微香。花蕾圆尖形，花托杯状，花梗短硬、无刚毛、泛红。小叶椭圆形，叶深绿色半光泽，叶纸质，叶质厚，叶面略皱，叶缘细锯齿状，嫩叶黄绿色。枝条长、直，泛红；皮刺弯、少、中等大小，刺体红色。植株直立型，长势强健，抗病力较强，花色艳丽，花型端庄。

● **亲本**：'Unnamed Seedling'×'Unnamed Seedling'

● **培育者**：1986 年日本 Seizo Suzuki。

'电子表'（'Funkuhr'）HT.

● **别名**：'电钟'，'KORport'，'Golden Summers'，'Laser Beam'

● **性状**：花黄红复色，瓣基黄色，瓣边红晕，后期变红。花朵高心卷边、露心，花径

11~13 cm，花瓣扇形，18~22 枚，无香味。花蕾圆尖形，花托杯状，花梗硬度中等、无刚毛、泛红。小叶卵形，叶深绿色有光泽，叶脉明显，叶面略皱，叶缘粗锯齿状，嫩叶泛红。枝条硬挺，绿色泛红；皮刺直、大，较密，刺体红色。植株半开张型，生长强健，花量大，花型优美。

● **亲本**：'Unnamed Seedling'בUnnamed Seedling'

● **培育者**：1984 年德国 Reimer Kordes。

现代月季 ● 杂交茶香月季（HT.）

'东方快车'（'Orient Express'）HT.

- **性状**：花红黄复色，瓣基黄色，瓣周粉红至朱红色。花朵高心翘角、不露心，花径 11~13 cm，花瓣圆形、约 28 枚，微香。花蕾笔尖形，花托钟状，花梗短硬、密布刚毛、翠绿色，单朵着生。小叶卵形、椭圆形，叶深绿色有光泽，叶质厚，叶缘粗锯齿状，嫩叶黄绿泛红。枝条硬、弯，绿色泛红；皮刺弯、中等大小、稀疏，刺体黄绿泛红。植株半开张型，长势强健，花色明艳，花容雅致。
- **亲本**：'Sunblest' × 'Unnamed Seedling'
- **培育者**：1978 年英国 Harry Wheatcroft & Sons Ltd. 。

'法拉女王'（'Portus Cale'）HT.

- **别名**：'法拉皇后'，'波尔都斯·凯尔'
- **性状**：花红白复色，乳白色心，瓣缘带朱砂色红晕。花朵高心翘角、满心，花径约 9 cm，花瓣圆形、瓣质中等、17~25 枚，无香味。花蕾圆尖形，花托杯状，花梗硬挺、密布刚毛、绿色。小叶长卵形，叶深绿色无光泽，叶质厚，叶缘细锯齿状。枝条细、长，硬挺、泛红；皮刺多、直，大小间杂，刺体红色。植株直立型，长势强健，多季节重复开放，勤花、耐晒、耐开。
- **亲本**：'Unnamed Seedling' × 'Unnamed Seedling'
- **培育者**：1986 年法国。

现代月季 ● 杂交茶香月季（HT.）

'疯狂双色'（'Crazy Two'）HT.

- **别名**：'DELstripi'
- **性状**：花白粉嵌合色，花瓣白色，带有不规则深粉色条纹。花朵高心卷边、半露心，花径 7 cm，花瓣圆形、瓣质中等、45~49 枚，芳香。花蕾卵形，花托杯状，花梗硬度中等、有刚毛。小叶长卵形，叶深绿色有光泽，叶质厚，叶缘细锯齿状。皮刺弯、小，稀疏，刺体红色。植株半开张型，花色独特，花型优雅，多季节重复开放。
- **亲本**：'Unnamed Seedling' × 'Unnamed Seedling'
- **培育者**：2004 年法国 Delbard。

'哈雷彗星' HT.

- **性状**：花黄红复色，初开黄色，晒后有红晕。花朵高心卷边、满心，花径 13~16 cm，花瓣扇形、瓣质厚、60~72 枚，芳香。花蕾笔尖形，花托碗状，花梗长、硬挺、密布刚毛、紫红色。小叶椭圆形，大型叶，叶深绿色有光泽，叶面略皱，叶缘细锯齿状，嫩叶泛红。枝条长、硬挺，嫩枝泛紫红色；皮刺大、直、较密，刺体泛红。植株直立型，长势强健，抗病力强，花姿高雅，耐开、耐晒。
- **亲本**：'战地黄花' × 'Arizona'
- **培育者**：1984 年中国农业科学院黄善武。

'红色直觉'（'Red Intuition'）HT.

● **别名**: 'DELstriro'

● **性状**: 花红色混合条纹。花朵高心卷边、满心，花径 11~12 cm，花瓣阔圆形、瓣质厚、30~33 枚，无香味。花蕾卵形，花托三角形，花梗中等硬度、无刚毛。小叶圆形，叶绿色半光泽，叶纸质，叶质中等，叶缘粗锯齿状。枝条直、长、硬；皮刺有斜直刺，钩刺，小，稀疏，刺体红色。植株直立型，长势强健，分枝力强，花色独特，别有韵味，多季节重复开放。

● **亲本**: Sport of 'Belle Rouge'

● **培育者**: 1999 年法国 Guy Delbard。

'红双喜'（'Double Delight'）HT.

- **别名**：'郁香国色'，'ANDeli'
- **性状**：花红黄复色，花心奶油黄色，瓣缘绯红色。花朵高心卷边，花径 10~12 cm，花瓣阔圆形、瓣质中等、30~35 枚，浓香。花蕾卵形，花托杯状，花梗长直、泛红色。小叶卵形，叶深绿色无光泽，叶大稠密，叶面略皱，叶缘粗锯齿状。枝条粗、硬、长；皮刺弯、中等大小、较密，刺体红色。植株半开张型，生长健壮，花色艳丽，花型优美。

- **亲本**：'Granada' × 'Garden Party'
- **培育者**：1976 年之前美国 A. E. & A. W. Ellis & Herbert C. Swim。

现代月季 ● 杂交茶香月季（HT.）

'花车'（'Hanaguruma'）HT.

● **性状**：花黄粉复色，花瓣乳黄色，瓣周淡粉红晕。花朵高心翘角、满心，花径 13~
14 cm，花瓣扇形、58~67 枚，无香味。花蕾圆尖形，花托杯状，花梗长、硬度中等、
泛红、无刚毛。小叶椭圆形，叶绿色半光泽，叶纸质，叶质厚，叶缘细锯齿状。枝条
硬挺；皮刺斜直、大中间杂、较密，刺体黄绿色泛红。植株开张型，长势强健，勤花、
耐开，花色淡雅。
● **亲本**：'Perfecta' × （'Perfecta' × 'American Heritage'）
● **培育者**：1974 年之前日本 Kikuo Teranishi。

'吉祥'（'Masscotte 77'）HT.

● **别名**：'马斯克提 77'，'MEItiloly'

● **性状**：花红黄复色，瓣基泛黄色，瓣缘淡绯红色。花朵高心卷边，花径 10~12 cm，花瓣阔圆形、25~35 枚，浓香。花蕾卵形，花托杯状，花梗直、有刚毛、泛红。小叶椭圆形，叶深绿色有光泽，叶革质，叶质厚，叶脉明显，叶面略皱，叶缘粗锯齿状，嫩叶泛红。枝条硬挺，绿色；皮刺直、密、中小间杂，刺体黄色。植株半开张型，生长健壮，花容端庄，勤花、耐开。

● **亲本**：['MEIrendal' ×（'Rim' × 'Peace'）] × 'Peace'

● **培育者**：1976 年法国 Francesco Giacomo Paolino。

现代月季 ● 杂交茶香月季（HT.）

'立康尼夫人'（'Madame Léon Cuny'）HT.

● **别名**：'胭脂点玉'，'GAR 51.100'
● **性状**：花红白复色，花瓣红色有白色斑点。花朵卷边盘状、半露心，花径 8~9 cm，

花瓣阔卵形、瓣质薄、37~39 枚，芳香。花蕾卵形，花托碗状，花梗细、硬度中等、密布刚毛、紫红色。小叶椭圆形，叶深绿色半光泽，叶纸质，叶质薄，叶缘细锯齿状。枝条粗、硬，紫红色；皮刺钩刺、大小间杂，刺体红色。植株半开张型，分枝力强，花型优美，勤花、耐开。

● **亲本**：'Peace' × 'Unnamed Seedling'
● **培育者**：1951 年法国 Jean-Marie Gaujard。

'科德斯庆典'（'Kordes'Jubilee'）HT.

● **别名**：'KORgotfun'，'KO 03/1286~01'

● **性状**：花黄红复色，花瓣黄色，粉红色边缘。花朵四心莲座状，花径 13~14 cm，花瓣阔卵形、瓣质薄、千重瓣，91~108 枚，微香。花蕾圆尖形，花托碗状，花梗硬长、无刚毛。小叶圆形至椭圆形，叶深绿色有光泽，叶质厚，叶脉明显，叶缘细锯齿状，嫩叶黄绿泛红。枝条硬挺，绿色；皮刺弯、中等大小、较密，刺体红色。植株直立型，生长旺盛，花色夺目，花型优雅，勤花、耐开。

● **亲本**：'Unnamed Seedling' × 'Unnamed Seedling'

● **培育者**：2003 年德国 Tim Hermann Kordes。

'美国的遗产'（'American Heritage'）HT.

● **别名**：'接班人'，' LAMlam'

● **性状**：花红、白、黄三色，初放时花瓣乳白色，瓣基黄色，随着开放瓣缘泛粉红色。花朵高心卷边、满心，花径 11~12 cm，花瓣 35~38 枚，微香。花蕾圆尖形，花托碗状，花梗硬挺、有刚毛、泛红。小叶长椭圆形，叶深绿色无光泽，叶纸质，叶质厚，叶面平展，边缘上翻，叶缘粗锯齿状，嫩叶紫红色。枝条粗、长，灰绿色；皮刺弯、斜直，大多间杂刚毛状细刺。植株高大，直立型，长势强健，勤花、耐开，色彩清雅纯净，花容端庄。

● **亲本**：'Queen Elizabeth' × 'Yellow Perfection'

● **培育者**：1965 年之前美国 Dr. Walter E.Lammerts。

'名角'（'Headliner'）HT.

● **性状**：花黄红复色，奶黄色花心，外瓣镶粉红色晕。花朵高心卷边、满心，花径 14~15 cm，花瓣阔圆形、瓣质薄、40~45 枚，无香味。花蕾卵形，花托三角形，花梗硬挺、无刚毛、泛红。小叶卵形，叶绿色有光泽，叶革质，叶缘粗锯齿状。枝条硬挺，紫红色；皮刺斜直、较稀疏、大小间杂，刺体红色。植株直立型，分枝力强，花型优美，花色艳丽。

● **亲本**：'Love' × 'Color Magic'

● **培育者**：1980 年之前美国 William A. Warriner。

'摩纳哥公主'（'Princesse de Monaco'）HT.

● **别名**：'摩洛哥公主'，'MEImagarmic'，'Princesse Grace de Monaco'

● **性状**：花白红复色，花瓣白色镶桃红边。花朵高心卷边、不露心，花径 12~13 cm，花瓣阔圆形、瓣质薄、25~30 枚、排列紧凑，芳香。花蕾笔尖形，花托盘状。花梗硬挺、有刚毛、紫红色。小叶椭圆形，叶深绿色有光泽，叶革质，边缘上翻，叶缘细锯齿状。枝条挺拔，紫红色；皮刺弯、大、较密，刺体红色。植株半开张型，生长健壮，花色淡雅，花型优美，勤花、耐开。

● **亲本**：'Ambassador' × 'Peace'

● **培育者**：1981 年法国 Marie Louise (Louisette) Meilland (Paolino)。

'荣光'（'Eiko'）HT.

● **性状**：花黄红复色，初开瓣基金黄色，瓣面绯红色，随开放红色逐渐加深。花朵高心卷边、花径 10~12 cm，花瓣阔圆形、瓣质中等、28~32 枚，芳香。花蕾圆尖形，花托杯状，花梗长直、无刚毛、泛红，单朵着生。小叶卵形，叶深绿色半光泽，叶面上翻，叶缘粗锯齿状。枝条粗、硬、长、直，绿色；皮刺弯、少、小。植株半开张型，枝条整齐，花色鲜艳，花姿优雅端庄。

● **亲本**：（'Peace'×'Charleston'）× 'Kagayaki'

● **培育者**：1978 年日本 Seizo Suzuki。

'唯米'（'Wimi'）HT.

- **别名**：'TANrowisa'，'Willy Millowitsch'
- **性状**：花红白复色，瓣基粉白色，瓣周泛桃红色晕。花朵高心卷边、露心，花径 12~13 cm，花瓣长卵形、瓣脉清晰、约 30 枚，微香。花蕾圆尖形，花托杯状，花梗细长、黄绿色、微泛红、无刚毛，单朵着生。小叶椭圆形，中等大小，叶深绿色有光泽，叶缘细锯齿状，叶革质，叶质厚。枝条细长，绿色泛红；皮刺弯刺，中等大小，黄褐色，稀疏。植株半开张型，中等高度，生长健壮，勤花、多花，花型端庄素雅。
- **亲本**：'Unnamed Seedling' × 'Unnamed Seedling'
- **培育者**：1982 年德国 Mathias Tantau。

'伟大'（'Granada'）HT.

- **别名**：'格兰那达'，'Donatella'
- **性状**：花黄红复色，瓣基黄色，外瓣边缘红色。花朵高心卷边、半露心，花径 10~12 cm，花瓣较散、卵形、瓣质厚、瓣边波状，20~24 枚，芳香。花蕾圆尖形，花托钟状，花梗粗硬、泛红、无刚毛。小叶长椭圆形，叶缘粗锯齿状，叶脉较明显，叶面略皱，叶质薄，叶绿色半光泽。枝条粗壮；皮刺有直有钩、大小间杂，刺体红色。植株直立型，分枝力强，高大强健，勤花、耐开，花型优美。
- **亲本**：'Tiffany' × 'Cavalcade'
- **培育者**：1963 年美国 Robert V. Lindquist。

'希瓦尔立'（'Chivalry'）HT.

- **别名**：'花魂'，'骑士'，'骑士精神'，'Rittertum'，'MACpow'
- **性状**：花红黄复色，花心黄色，瓣面红色晕。花朵高心卷边、不露心，花径11~12 cm，花瓣圆形、瓣质中等、26~35枚，微香。花蕾圆尖形，花托杯状，花梗硬挺、

密布刚毛、紫红色。小叶圆形，叶深绿色有光泽，叶革质，叶质厚，叶脉明显，叶缘细锯齿状。枝条粗、长、硬，紫红色；皮刺直、大、较密，刺体黄绿刺尖泛红。植株直立型，长势强健，分枝力强，花色艳丽，花型优美。
- **亲本**：'Peer Gynt' × 'Brasilia'
- **培育者**：1976年爱尔兰 Samuel Darragh McGredy IV。

'杨基歌'（'Yankee Doodle'）HT.

- **别名**：'YanKOR'
- **性状**：花橙黄复色，瓣面淡橙红色，瓣背乳黄，随开放颜色加深。花朵高心卷边、半露心，花径 10~12 cm，花瓣圆形、瓣质中等、约 50 枚，芳香。花蕾卵形，花托杯状，花梗细、长、硬挺、有刚毛、泛红。小叶阔椭圆形，叶深绿色有光泽，叶革质，叶质厚，叶缘细锯齿状。枝条粗、硬、长，绿色泛红；皮刺弯、大、稀疏，刺体黄绿泛红。植株直立型，分枝力强，长势强健，勤花、耐开，花容多姿。
- **亲本**：'Colour Wonder' × 'King's Ransom'
- **培育者**：1965 年德国 Reimer Kordes。

现代月季 ● 杂交茶香月季（HT.）

'怡红院' HT.

● **性状**：花红黄复色，花瓣黄色，瓣周镶桃红边。花朵高心卷边、花径 12~15 cm，花瓣阔圆形、瓣质厚、35~40 枚，微香。花蕾圆尖形，花托杯状，花梗硬挺、密生刚毛、绿色。小叶卵形，叶深绿色有光泽，叶革质，叶质中等，叶面略皱，叶缘细锯齿状，嫩叶紫红色。枝条较细，泛红；皮刺直、较密、中小间杂，刺体橙红色。植株半开张型，花大色艳，花型优雅，勤花。

● **亲本**：'Osiria' × 'New Bal'

● **培育者**：1986 年中国农业科学院李洪权。

'云绉'（'Tiffany'）HT.

● **别名**：'蒂芬妮'，'塔夫绸'，'丝绢'

● **性状**：花粉黄复色，花瓣粉红色，瓣基黄色。花朵杯状、满心，花径 11~13 cm，花
瓣长阔瓣、25~30 枚，浓香。花蕾卵
形，花托杯状，花梗硬度中等、无刚毛，
绿色。小叶椭圆形，叶深绿色无光泽，
叶纸质，叶面皱，叶缘粗锯齿状。枝
条粗、长，紫红色；皮刺斜直、较密、
中等大小，刺体暗红色。植株直立型，
长势强壮，花容雅致，花大丰满。

● **亲本**：'Charlotte Armstrong' × 'Gi-
rona'

● **培育者**：1953 年之前美国 Robert V.
Lindquist。

现代月季 ● 壮花月季（Gr.）

'伊丽莎白女王'（'Queen Elizabeth'）Gr.

- **别名**：'粉后'，'伊丽莎白皇后'，'粉红女皇'，'女皇'
- **性状**：花粉红色。花朵高心卷边、半露心，花径 10~12 cm，花瓣圆形、瓣质厚、35~40 枚、排列紧凑，芳香。花蕾圆尖形，花托杯状，花梗长、有稀少刚毛、泛红。小叶阔卵形，大型叶，叶面略皱、边缘下翻，叶深绿色半光泽，叶质厚，叶缘细锯齿状，嫩叶泛红。枝条粗、长、硬，翠绿泛暗红；皮刺直、大、稀疏，刺体黄绿泛红。植株直立型，分枝力强，抗病力强，多花，勤花、耐开，花容端庄。

- **亲本**：'Charlotte Armstrong' × 'Floradora'
- **培育者**：1951 年之前美国 Dr. Walter E. Lammerts。

‘迪奥’（‘Dioressence’）Gr.

● **别名**：‘DELdiore’

● **性状**：花淡蓝紫色。花朵盘状、露心，花径 11~13 cm，花瓣阔圆形、瓣质厚、16 枚，浓香。花蕾笔尖形，花托杯状，花梗长、硬度中等、绿色。小叶卵形，叶绿色有光泽，叶革质，叶质厚，叶面皱、上翻，叶缘细锯齿状，嫩叶浅绿色。枝条硬挺，泛红；皮刺弯、小、稀疏，刺体红色。植株直立型，分枝力中等，花色柔和，香味浓郁，可多季节持续开放。

● **亲本**：[（‘Holstein’×‘Bayadère’）בPrélude’]×‘Unnamed Seedling’

● **培育者**：1984 年法国 Georges Delbard & André Delbard-Chabert。

'爱'（'Love'）Gr.

- **别名**：'JACtwin'
- **性状**：花表里双色，表面红色，瓣背乳白色。花朵高心翘角、排列紧凑，花径 11~12 cm，花瓣 30~40 枚、卷边成剑形，无香味。花蕾卵形，花托碗状，花梗较长、泛红、密布刚毛。小叶椭圆形，叶深绿色无光泽，叶缘细锯齿状，叶脉明显，幼叶泛红。枝条细、长，通体暗红色；皮刺斜直、多、中等大小，刺体暗红色。植株直立型，分枝力强，长势健壮，多花、勤花、耐开，花色娇艳，花容多姿。

- **亲本**：'Unnamed Seedling' × 'Red-gold'
- **培育者**：1977 年之前美国 William A. Warriner。

'冰山'（'Iceberg'）F.

- **别名**：'KORbin'，'Fée des Neiges'，'Schneewittchen'
- **性状**：花白色，初开花心泛黄。花朵平瓣盘状、露心，花径 6~7 cm，花瓣扇形、瓣质薄、20~25 枚，微香。花蕾圆尖形，花托球状，花梗软、密布刚毛、绿色。小叶阔披针形，叶绿色无光泽，叶缘细锯齿状。枝条细、长、软，翠绿色；皮刺弯、中等大小、稀少，刺体黄色泛红。植株开张型，分枝力强，勤花、耐开，花量极大。

- **亲本**：'Robin Hood' × 'Virgo'
- **培育者**：1958 年德国 Reimer Kordes。

'澳洲黄金'（'Australian Gold'）F.

- **别名**：'澳大利亚黄金'，'蒙娜丽莎'，'KORmat'，'Mona Lisa'
- **性状**：花橙黄色，瓣边泛粉红晕，背面橘黄。花朵高心卷边、露心，花径 12 cm，花瓣圆形、瓣质薄、21~30 枚，芳香。花蕾圆尖形，花托杯状，花梗硬挺、密布刚毛、泛红。小叶圆形，叶深绿色有光泽，叶革质，叶质厚，叶脉明显，叶面皱，叶缘粗锯齿状。枝条弯、短，黄绿色；皮刺直、中等大小、较密，刺体黄绿色泛红。植株半开张型，分枝力强，花大丰满，勤花、耐开。
- **亲本**：'Unnamed Seedling'×'Unnamed Seedling'
- **培育者**：1980 年德国 Reimer Kordes。

'春田'（'Springfields'）F.

● **别名**：'DICband'
● **性状**：花黄色泛橙晕。花朵卷边盘状，花径 9~10 cm，花瓣扇形、瓣质中等、25~30 枚，微香。花蕾卵形，花托杯状，花梗短、有刚毛、绿色。小叶卵形，叶深绿色半光泽，叶纸质，叶质厚，叶缘粗锯齿状，叶面略皱。枝条粗、硬、长，红褐色；皮刺斜直、大、较密，刺体黄绿泛红。植株直立型，健壮，分枝力强，花色清新，花量大，勤花、耐开。
● **亲本**：'Eurorose' × 'Anabell'
● **培育者**：1977 年之前英国 Patrick Dickson。

'花园城'（'Letchworth Garden City'）F.

● **性状**：花黄色，随着开放泛粉色晕。花朵高心卷边，花径约 10 cm，花瓣圆形、瓣质厚、23~24 枚，微香。花蕾卵形，花托碗状，花梗硬度中等、有明显刺体刚毛。小叶椭圆形，叶深绿色有光泽，叶脉明显，叶面边缘向下微卷，叶革质，叶质厚，叶缘刺齿状，嫩叶黄绿泛红。枝条硬挺；皮刺直、大、较密，刺体红色。植株直立型，分枝力强，花量大，花色艳丽。

● **亲本**：（'Sabine'×'Pineapple Poll'）×（'Circus'×'Mischief'）

● **培育者**：1978 年之前英国 Harkness。

'金玛丽'（'Goldmarie'）F.

- **性状**：花金黄色，后期颜色变淡。花朵卷边盘状、露心，花径 7~9 cm，花瓣扇形、瓣质薄、25~35 枚，无香味。花蕾圆尖形，花托杯状，花梗短、细、中等硬度、密布刚毛、紫红色。小叶卵形或圆形，叶深绿色有光泽，叶脉明显，叶缘粗锯齿状。枝条细、直，紫红色；皮刺斜直、大小间杂、较密，刺体红色。植株直立型，生长旺盛，抗病性强，花色明亮、多花、勤花。
- **亲本**：［'Arthur Bell'×'Zorina'］×［'Honeymoon'×'Dr. A. J. Verhage'］×［'Unnamed Seedling'×'Sunsprite'］
- **培育者**：1982 年德国 Reimer Kordes。

'舍伍德'（'SHERWOOD'）F.

- **别名**：'HARglobe'
- **性状**：花柠檬黄色。花朵杯状、满心，花径约 11 cm，花瓣阔圆形、瓣质中等、千重瓣、55~68 枚，芳香。花蕾圆尖形，花托杯状，花梗长、硬、无刚毛、绿色。小叶长卵形，叶绿色无光泽，叶质中等，叶脉明显，叶缘细锯齿状，嫩叶红色。枝条硬挺，无刺。植株直立型，抗病性强，花期长，花色独特，花型优雅，可多季节重复开放。
- **亲本**：'Unnamed Seedling' × 'Unnamed Seedling'
- **培育者**：1998 年英国 Harkness。

'扶本'（'Woburn Abbey'）F.

● **别名**：'富本寺'，'火车矩'

● **性状**：花杏黄色，外瓣带红晕。花朵杯状，花径 8~11 cm，花瓣阔圆形、瓣质中等、约 25 枚，无香味。花蕾圆尖形，花托钟状，花梗硬度中等、密布刚毛。小叶卵形，叶绿色有光泽，叶革质，叶质厚，叶脉明显，叶缘腺齿状，嫩叶黄绿色。枝条弯、硬、长；皮刺弯、小、稀疏，刺体红色。植株开张型，生长健壮，多花、勤花、耐开。

● **亲本**：'Masquerade'×'Fashion'

● **培育者**：1958 年之前英国 Alfred Cobley & George Sidey。

'甜蜜生活'（'Dolce Vita'）F.

● **性状**：花橙黄色，随着开放泛藕粉色。花朵杯状、簇花、满心，花径 5~6 cm，花瓣

圆形、瓣质中等、32~35 枚，无香味。花蕾圆尖形，花托杯状，花梗短、无刚毛、翠绿色。小叶卵形，叶深绿色半光泽，叶纸质，叶质厚，叶缘细锯齿状。枝条硬挺，绿色；皮刺直、中等大小、较密，刺体绿色泛红。植株半开张型，分枝力强，长势强健，花色艳丽，可多季节重复开放。

● **亲本**：'Unnamed Seedling' × 'Unnamed Seedling'

● **培育者**：2012 年法国 G. Delbard。

'甜梦'（'Sweet Dream'）F.

- **别名**：'FRYminicot'
- **性状**：花杏黄色，后期颜色变淡。花朵卷边盘状、满心，花径 4~5 cm，花瓣扇形、瓣质中等、30~33 枚，微香。花蕾圆尖形，花托杯状，花梗硬度中等、无刚毛。小叶卵形，叶深绿色有光泽，叶革质，叶质厚，叶缘粗锯齿状，嫩叶黄绿色。枝条直挺，泛红；皮刺斜直、小、稀疏，刺体红色。植株生长旺盛，分枝力强，花量大，勤花、多花，花色柔美，花型可爱。

- **亲本**：'Unnamed Seedling' × [（'Anytime'×'Liverpool Echo'）× （'New Penny' × 'Unnamed Seedling'）]
- **培育者**：1987 年英国 Gareth Fryer。

'利物浦的回声'（'Liverpool Echo'）F.

● **性状**: 花粉色，瓣边缘有红晕，后期色变淡。花朵卷边盘状、露心，花径 7~8 cm，花瓣圆形、瓣质薄，约 23 枚，无香味。花蕾卵形，花托杯状，花梗短软、有刚毛。小叶卵形，叶绿色有光泽，叶缘细锯齿状，嫩叶黄绿色。枝条硬挺，绿色；皮刺弯、较密、中小间杂，刺体黄绿泛红。植株开张型，生长强健，抗病性强，花量大。

● **亲本**:（'Little Darling'×'Gold Locks'）דMünchen'

● **培育者**: 1966 年新西兰 Samuel Darragh McGredy IV。

'柔情似水' F.

● **性状**：花深粉红色。花朵盘状，花径 7~8 cm，花瓣阔圆形、瓣质中等、20~25 枚，浓香。花蕾圆尖形，花托球状，花梗短、密布刚毛、泛红。小叶椭圆形，叶绿色无光泽，叶纸质，叶缘粗锯齿状。枝条硬挺，绿色；皮刺直、大，较密，刺体红色。植株直立型，花色柔和，花型优美，勤花、耐开。

● **亲本**：'黑旋风' × 'Alesander'

● **培育者**：2000 年中国南阳赵国有。

'斯蒂芬妮古堡'（'Stephanie Baronlin zu Guttenberg'）F.

● **性状**：花粉白色，随着开放颜色变浅。花朵莲座状，花径 8~9 cm，花瓣扇形、瓣质薄、千重瓣、109~126 枚，无香味。花蕾圆尖形，花托钟状，花梗硬度中等、有刚毛、泛红。小叶卵形，叶面下卷，叶深绿色有光泽，叶质厚，叶缘细锯齿状，嫩叶黄绿泛红。枝条硬挺，紫红色；皮刺斜直、中等大小、较密，刺体红色。植株半开张型，长势强健，花色娇嫩，花型优美，仙气十足，勤花、多花，开花整齐。

● **亲本**：'The Fairy' × 'Unnamed Seedling'

● **培育者**：2010 年德国 Christian Evers。

'仙境'（'Carefree Wonder'）F.

● **别名**：'无忧无虑'，'MEIpitac'，'Dynastie'

● **性状**：花粉红色，随开放瓣面泛粉红，瓣背泛白。花朵平瓣盘状、露心，花径 8~11 cm，花瓣阔圆形、瓣质薄、26~30 枚，微香。花蕾卵形，花托杯状，花梗细、有刚毛、泛红。小叶卵形，叶深绿色无光泽，叶面平展，叶缘粗锯齿状。枝条硬挺，泛红；皮刺弯、中等大小、稀疏、刺体红黄色。植株半开张型，中等高度，适应性强，着花繁密，花量大，高度勤花。

● **亲本**：（'Prairie Princess'×'Nirvana'）×（'Eyepaint'×'Rustica'）

● **培育者**：1990 年之前法国 Alain Meilland。

'杏花村'（'Betty Prior'）F.

● **性状**：花粉红色。花朵卷边盘状、露心，花径 4~5 cm，花瓣扇形、5 枚，无香味。花蕾卵形，花托球状，花梗短、密布刚毛、紫红色。小叶椭圆形，叶绿色无光泽，叶面平展，叶缘细锯齿状。枝条弯曲，泛红；皮刺斜直、小、多，刺体红色。植株半开张型，花量大，勤花、多花，花色淡雅。

● **亲本**：'Kirsten Poulsen' × 'Unnamed Seedling'

● **培育者**：1934 年英国 Basil Edmund Prior。

'波提雪莉'（'Botticelli'）F.

- **别名**：'波提切利'，'MEIsylpho'
- **性状**：花杏色至浅粉色，中心颜色重。花朵平瓣盘状、满心，花径 7~8 cm，花瓣扇形、瓣质中等、45~58 枚，芳香。花蕾圆尖形，花托碗状，花梗硬度中等、无刚毛、泛红。小叶椭圆形，叶绿色有光泽，叶革质，叶质厚，叶缘细锯齿状。枝条硬度中等，泛红；皮刺直、大、较密，刺体红色。植株半开张型，分枝力强，勤花，复花性好，多季节重复开放。

- **亲本**：'Unnamed Seedling' × 'Unnamed Seedling'
- **培育者**：2003 年之前法国 Michèle Meilland Richardier。

ʻ花房ʼ（ʻHana Busaʼ）F.

● **性状**：花朱红色。花朵卷边盘状，露心、花径 7 cm，花瓣扇形、15~25 枚，微香。花蕾圆尖形，花托杯状，花梗细、红色、有刚毛。小叶椭圆形，叶缘粗锯齿状，叶脉略明显，叶面略皱，叶绿色有光泽，幼叶红色。枝条细；皮刺斜直、小、较密，刺体红色。植株开张型，花量大，花色艳丽，适应性强。

● **亲本**：ʻSarabandeʼ ×（ʻRumbaʼ × ʻOlympic Torchʼ）

● **培育者**：1981 年日本 Seizo Suzuki。

'玛丽娜'（'Marina'）F.

- **别名**：'小船坞'，'RinaKOR'
- **性状**：花鲜朱红色，后期颜色变粉红色。花朵高心翘角、半露心，花径 8~10 cm，花瓣阔圆形、瓣质中等、35~40 枚，微香。花蕾圆尖形，花托杯状，花梗硬挺、密布刚毛、绿色。小叶阔卵形，叶深绿色有光泽，叶质中等，叶面略皱，叶缘细锯齿状。枝条较细，绿色；皮刺斜直、中等大小、稀疏，刺体泛红。植株较矮，开张型，花色明亮，花量大，勤花、耐开。
- **亲本**：'Colour Wonder' × 'Zorina'
- **培育者**：1974 年德国 Reimer Kordes。

'曼海姆宫殿'（'Schloss Mannheim'）F.

- **别名**：'曼海姆'，'KORschloss'
- **性状**：花朱红色。花朵盘状、露心，花径 5~6 cm，花瓣圆形、瓣质中等、21~25 枚，微香。花蕾圆尖形，花托杯状，花梗软、密生刚毛、泛红。小叶椭圆形，叶深绿色半光泽，叶质薄，叶面下卷，叶缘细锯齿状。枝条细、硬；皮刺直、大、多，刺体红色。植株开张型，长势强健，抗病力强，花多色艳，勤花、耐开。
- **亲本**：'Marlena' × 'Europeana'
- **培育者**：1975 年德国 Reimer Kordes。

'天使'（'Angelique'）F.

● **性状**：花鲜朱红色，有绒光，瓣基泛白。花朵高心卷边、满心，花径 7~9 cm，花瓣
卵形、瓣缘有缺刻、瓣质厚，约 25 枚，无香味。花蕾圆尖形，花托杯状，花梗泛红、
无刚毛。小叶椭圆形，叶革质，叶缘粗锯齿状，叶深绿色有光泽。枝条硬挺；皮刺直、
中等大小，刺体橙红色。植株开张型，花色艳丽，花容端庄。

● **亲本**：'World's Fair' × 'Pinocchio'

● **培育者**：1952 年美国 Herbert C. Swim。

'东方红' F.

● **别名**：'北京红'

● **性状**：花红色。花朵平瓣盘状、簇花、小集群，花径约 7 cm，花瓣扇形、26~30 枚，无香味。花蕾卵形，花托杯状，花梗长软、有刚毛、泛红。小叶长椭圆形，叶深绿色有光泽，叶革质，叶质厚，叶脉略明显，叶边缘下卷，叶缘粗锯齿状。枝条硬挺，绿色；皮刺大、直、较密，刺体红色。植株半开张型，生长健壮，花量大，单花开放时间长，多季节重复开放。

● **亲本**：'La Sevillana' × 'Purple Meidiland'

● **培育者**：2005 年中国农业大学俞红强。

'黑火山'（'Lavaglut'）F.

● **性状**：花深红色，瓣边泛黑，有绒光。花朵盘状，花径 5~6 cm，花瓣阔圆形、30 枚、排列紧凑，无香味。花蕾圆尖形，花托杯状，花梗细、有刚毛、微泛红。小叶卵形，叶深绿色有光泽，叶质厚，叶缘粗锯齿状。枝条细、短，黄绿色；皮刺弯、较密、中等大小。植株中等高度，半开张型，花量大，勤花、耐开。

● **亲本**：'Grussan Bayern' × 'Unnamed Seedling'

● **培育者**：1978 年德国 Reimer Kordes。

现代月季 ● 聚花月季（丰花月季）（F.）

‘红帽子’（‘Red Cap’）F.

● **别名**：‘小红帽’

● **性状**：花鲜红色。花朵盘状、露心，花径 5~7 cm，花瓣圆形、瓣质厚、20~25 枚，无香味。花蕾卵形，花托杯状，花梗细长、密布刚毛、绿色。小叶椭圆形，叶绿色半光泽，叶脉明显，叶缘细锯齿状。枝条直、挺，紫红色；皮刺直、密、中等大小，刺体橙红色。植株直立型，生长强健，花量大，花色艳丽，勤花、耐开。

● **亲本**：‘World's Fair’בPinocchio’

● **培育者**：1954 年美国 Herbert C. Swim。

'葡萄冰山'（'Burgundy Iceberg'）F.

- **别名**：'PROse'，'Kalands Bordeaux'
- **性状**：花深蓝紫色，有绒光。花朵盘状，花径 6~7 cm,花瓣扇形、瓣质中等、26~30 枚，无香味。花蕾卵形，花托杯状，花梗软、有刚毛、绿色。小叶长椭圆形，叶绿色半光泽，叶质薄，叶面平展，叶缘粗锯齿状，嫩叶黄绿色。枝条直，绿色；皮刺直、小、稀少，刺体橙红色。植株开张型，分枝力强，中等高度，抗病性强，多季节重复开放，勤花、耐开。
- **亲本**：Sport of 'Brilliant Pink Iceberg'
- **培育者**：1998 年澳大利亚 Edgar Norman Swane。

'维萨里'（'Vesalius'）F..

- **别名**：'Vistrimar'
- **性状**：花浅紫色，外层花瓣色淡，后期变白。花朵杯状、露心，花径 5 cm，花瓣阔圆形、瓣质薄，千重瓣，106~118 枚，芳香。花蕾圆尖形，花托杯状，花梗硬度中等、无刚毛、绿色。小叶卵形，叶深绿色有光泽，叶革质，叶质厚，叶脉明显，叶面略皱，叶缘刺齿状。枝条硬，绿色；皮刺弯、中等大小、较密，刺体红色。植株开张型，花期长，勤花，多季节重复开放。

- **亲本**：'International Herald Tribune' × 'MarieLouise Velge'
- **培育者**：2012 年之前比利时 Martin Vissers。

'紫雾泡泡'（'Misty Bubbles'）F.

- **别名**：'RUIci0731A'
- **性状**：花粉蓝紫色。花朵球状、满心，花径 4.5~5 cm，花瓣圆形，瓣质中等，千重瓣，60~70 枚，微香。花蕾圆尖形，花托碗状，花梗硬度中等、有刚毛、绿色。小叶卵形，复叶 7 小叶居多，叶深绿色有光泽，叶革质，叶质厚，叶面上翻，叶缘细锯齿状。枝条硬挺，绿色；皮刺直、小、稀疏，刺体黄色泛红。植株半开张型，花色艳丽，花型可爱，勤花、多花，多季节重复开放。

- **亲本**：'Unnamed Seedling'×'Unnamed Seedling'
- **培育者**：荷兰 De Ruiter。

'妖仆'（'Brownie'）F.

● **别名**：'棕仙'，'小妖童'，'小伙伴'

● **性状**：花表里双色，瓣面鲜红色，瓣背浅黄色，随开放花色变浅。花朵卷边盘状、露心，花径 6~8 cm，花瓣圆形，约 20 枚，芳香。花蕾圆尖形，花托杯状，花梗短、密布刚毛、泛红。小叶椭圆形，叶深绿色有光泽，叶革质，叶质厚，叶面上翻，叶脉略明显，叶面略皱，叶缘粗锯齿状。枝条粗、长，硬挺，紫红色；皮刺直、密、中小间杂，刺体黄绿泛红。植株半开张型，长势健壮，分枝力强，花量大、勤花、耐开。

● **亲本**：Seedling of 'Lavender Pinocchio' × 'Grey Pearl'

● **培育者**：1958 年之前美国 Eugene S. "Gene" Boerner。

'胡里奥·伊格莱西亚斯'（'Julio Iglesias'）F.

- **别名**：'胡里奥''Meistemon'
- **性状**：花白红嵌合色，花瓣白色，串红色条纹。花朵杯状，花径 9 cm，花瓣扇形、瓣质薄、千重瓣、76~82 枚，芳香。花蕾圆尖形，花托杯状，花梗硬度中等、无刚毛、绿色。小叶椭圆形，叶绿色半光泽，叶纸质，叶质厚，叶缘细锯齿状，嫩叶黄绿色。枝条硬，绿色；皮刺弯、中等大小、稀疏，刺体红色。植株半开张型，分枝力强，长势强健，勤花、多花，多季节重复开放。
- **亲本**：'Unnamed Seedling' × 'Unnamed Seedling'
- **培育者**：2004 年之前法国 Meilland International。

‘花翁’（‘Len Turner’）F.

- **别名**：‘轮特那’，‘DICjeep’，‘Daydream’
- **性状**：花红白复色，瓣基泛白，瓣缘泛红晕。花朵卷边盘状、露心，花径约 6 cm，花瓣卵形，约 23 枚、排列紧凑，无香味。花蕾球形、花托杯状，花梗泛红色、细。小叶卵形、小型叶，叶深绿色无光泽，叶缘粗锯齿状，叶质厚，嫩叶黄绿色。枝条短、略细，绿色，老枝泛红；皮刺斜直、有部分弯刺、较密，刺体红色。植株开张型，分枝力强，花量大，花色鲜艳。
- **亲本**：‘Electron’ × ‘Eyepaint’
- **培育者**：1981 年之前英国 Patrick Dickson。

‘流星雨’（‘Abracadabra’）F.

● **别名**：‘魔法咒语’，‘梦话’，‘KORhocsel’，‘Forkasu Porkasu’

● **性状**：花红黄嵌合色，花瓣暗红色，带黄斑黄条纹。花朵高心翘角、不露心，花径 6~7 cm，花瓣阔圆形、瓣质中等、17~25 枚，无香味。花蕾卵形，花托杯状，花梗直、有刚毛、绿色。小叶椭圆形，叶绿色半光泽，叶质厚，叶脉略明显，叶缘粗锯齿状。枝条硬挺，绿色；皮刺直、少、小，刺体红色。植株直立型，生长旺盛，花色奇特，易变异，多季节重复开放。

● **亲本**：Sport of ‘Hocus Pocus’

● **培育者**：2002 年德国 W. Kordes & Sons。

现代月季 ● 聚花月季（丰花月季）（F.）

'擂鼓'（'Fure Daiko'）F

● **别名**：'皮纳塔'

● **性状**：花红黄复色，初开心黄色，瓣边缘泛红，随着开放，裸露的瓣面红色增多，由朱红变深红色。花朵盘状、露心，花径 7~8 cm，花瓣锯齿瓣、瓣质中等、20~30 枚，芳香。花蕾圆尖形，花托杯状，花梗软、密布刚毛。小叶椭圆形，叶深绿色无光泽，叶面平展，叶缘粗锯齿状，嫩叶黄绿色。枝条翠绿色；皮刺弯、稀疏，刺体黄绿色泛红。植株半开张型，分枝力强，花色艳丽，花量大。

● **亲本**：(Seedling of 'Goldilocks' × 'Sarabande') × Seedling of 'Golden Giant'

● **培育者**：1973 年之前日本 Seizo Suzuki。

'马克·夏加尔'（'Marc Chagall'）F.

● **别名**：'夏加尔'，'DELstrirojacre'
● **性状**：花粉白嵌合色，花瓣粉色带乳白色条纹，中心黄色。花朵平瓣盘状，花径约
　　10 cm，花瓣阔圆形、瓣质薄、17~25 枚，微香。花蕾卵形，花托杯状，花梗短、有刚毛、
　　绿色。小叶卵形，叶绿色无光泽，叶面平展，叶缘粗锯齿状，嫩叶黄绿色。枝条硬挺，
　　绿色；皮刺直、密、中小间杂，刺体黄色泛红。植株直立型，抗病性强，花色多变，
　　可多季节重复开放。
● **亲本**：'Unnamed Seedling' × 'Unnamed Seedling'
● **培育者**：2013 年法国 G. Delbard。

'尼克尔'（'Nicole'）F.

● **别名**：'KORicole'

● **性状**：花红白复色，花瓣乳白色，瓣周桃红色。花朵卷边盘状、半露心，花径 8 cm，花瓣扇形、瓣质中等、20~21 枚，微香。花蕾卵形，花托杯状，花梗短、软、密布刚毛、绿色。小叶椭圆形，叶绿色半光泽，叶质厚，叶脉明显，叶缘腺齿状。枝条硬挺，绿色；皮刺直、大、较密，刺体红色。植株开张型，生长旺盛，花量大，花色娇艳，勤花、多花。

● **亲本**：'Unnamed Seedling' × 'Bordure Rose'

● **培育者**：1985 年德国 Reimer Kordes。

'神奇'（'Charisma'）F.

● **别名**：'却立司买'，'JELroganor'

● **性状**：花黄红复色，瓣面鲜绯红，有绒光，瓣基金黄。花朵高心卷边，花径约 7 cm，花瓣近圆形，30~40 枚，微香。花蕾圆尖形，花托杯状，花梗细、短、略有刚毛、泛紫红色。小叶卵形，小型叶，叶质厚，叶深绿色有光泽，叶脉略明显，叶缘粗锯齿状。枝条短、硬；皮刺斜直、小、稀。植株直立型，分枝力强，花色鲜艳，花量大，勤花、耐开。

● **亲本**：'Gemini' × 'Zorina'

● **培育者**：1968 年美国 Robert G. Jelly。

现代月季 ● 聚花月季（丰花月季）（F.）

'希拉之香'（'Sheila's Perfume'）F.

- **别名**：'希拉的香水'，'HARsherry'
- **性状**：花黄红复色，瓣面有红晕，瓣基淡黄色。花朵高心卷边、满心，花径 10~12 cm，花瓣阔圆形、25~30 枚，浓香。花蕾卵形，花托盘状，花梗硬挺、有刚毛、泛红。小叶卵形，叶深绿色有光泽，叶革质，叶质厚，叶面光滑，叶缘细锯齿状。枝条硬挺；皮刺直、中小间杂、较密，刺体红色。植株直立型，生长健壮，花色秀丽，花姿高雅。
- **亲本**：'Peer Gynt'×['Daily Sketch'×（'Paddy McGredy'×'Prima Ballerina'）]
- **培育者**：1979 年之前英国 John Sheridan。

‘小亲爱’（‘Little Darling’）F.

● **性状**：花粉黄复色，瓣面粉白色，瓣背乳黄色。花朵平瓣盘状、露心，花径 6~8 cm，花瓣扇形、瓣质中等、27~30 枚，微香。花蕾圆尖形，花托杯状，花梗短、密布刚毛、暗红色。小叶椭圆形，叶绿色有光泽，叶面略皱，叶缘细锯齿状。枝条细长，紫红色；皮刺直、大，稀疏、刺体红色。植株开张型，分枝力强，花量大，花色淡雅。

● **亲本**：‘Captain Thomas’×（‘Baby Château’×‘Fashion’）

● **培育者**：1956 年美国 Carl G. Duehrsen。

'白柯斯特'（'Witte Koster'）Min.

- **别名**：'Snövit'
- **性状**：花白色。花朵球状，花径 3~4 cm，花瓣圆形、瓣质中等、21~25 枚，无香味。花蕾圆尖形，花托球状，花梗硬度中等、无刚毛、绿色。小叶披针形，叶革质，叶质中等，叶绿色有光泽，叶缘细锯齿状。枝条硬，绿色；皮刺直、小，稀疏。植株低矮，分枝力强，花色纯净淡雅，花量大，勤花、耐开。
- **亲本**：Sport of 'Dick Koster'
- **培育者**：1929 年荷兰 M. Koster & Zonen。

'克拉丽莎'（'Clarissa'）Min.

● **性状**：花杏色或杏黄色混合，瓣基保持杏黄色，后期瓣面色泽渐褪。花朵绒球状，花径 4~6 cm，花瓣扇形、整齐丰满、28~45 枚，无香味。花蕾圆尖形，花托杯状，花梗硬度中等、有明显小刺、泛红。小叶长椭圆形，叶质厚，叶深绿色半光泽，叶缘刺齿状，嫩叶黄绿色。枝条纤细，整枝密布刺；皮刺直、密、大中小间杂，刺体红色。植株低矮，分枝力强，花色独特，花量大，勤花、耐开。

● **亲本**：'Southampton' × 'Darling Flame'
● **培育者**：1979 年之前英国 Harkness。

'可可柯德娜'（'Coco Kordana'）Min.

● **别名**：'KORtinofli'

● **性状**：花橙色。花朵卷边盘状、露心，花径 5~6 cm，花瓣圆形、瓣质薄、42~48 枚，无香味。花蕾圆形，花托三角状，花梗短、硬挺、泛红色。小叶椭圆形，叶深绿色有光泽，叶革质，叶质厚，叶缘粗锯齿状，嫩叶紫红色边。枝条硬挺，绿色；皮刺直、大、较密，刺体黄色。植株低矮，长势强健，花色娇艳，花量大，勤花、耐开。

● **亲本**：'Unnamed Seedling'×'Unnamed Seedling'

● **培育者**：2010 年之前德国 Tim Hermann Kordes。

'铃之妖精'（'Fée Clochette'）Min.

- **别名**：'Delparo'
- **性状**：花粉色，中心深粉色。花朵莲座状，花径 4~5 cm，花瓣卵形，瓣质薄，106~145 枚，芳香。花蕾圆尖形，花托三角状，花梗硬度中等、有刚毛。小叶圆形，叶深绿色半光泽，叶质厚，叶面平展，叶缘粗锯齿状。枝条硬挺，绿色；皮刺斜直、中等大小、稀疏，刺体红色。植株低矮，分枝力强，花色娇艳，勤花、多花，可多季节重复开放。
- **亲本**：'Unnamed Seedling'×'Unnamed Seedling'
- **培育者**：2008 年之前法国 G.Delbard。

'小伊甸园'（'Mimi Eden'）Min.

- **别名**：'MEIptipier'
- **性状**：花粉色，花心深粉色。花朵杯状，花径4~5 cm，花瓣阔卵形、瓣质薄、27~40枚，无香味。花蕾圆尖形，花托杯状，花梗短、有刚毛、泛红。小叶椭圆形，叶深绿色有光泽，叶质厚，叶缘粗锯齿状。枝条硬挺，绿色，无刺。植株低矮，分枝力强，勤花、多花，可多季节重复开放。
- **亲本**：（'Nikita' × 'Tamango'）×（'Mimi Pink' × 'Scarlet Mimi'）
- **培育者**：2001年之前法国 Alain Meilland。

'矮仙女'（'Zwergkönig 78'）Min.

● **别名**：'矮女王'，'KORkönig'，'Dwarf King '78'
● **性状**：花朱红色，有绒光。花朵卷边盘状、露心，花径 3~5 cm，花瓣长卵形、20~25 枚、排列整齐、纵卷发皱，无香味。花蕾圆尖形，花托杯状，花梗短、有刚毛、泛红。小叶狭椭圆形，小型叶，叶绿色无光泽，叶面边缘上翻，叶缘细锯齿状。枝条细硬，绿色；皮刺直、小、较密，刺体红色。植株低矮，半开张型，分枝力强，花色鲜艳，多花、勤花。

● **亲本**：'Unnamed Seedling' × 'Lilli Marleen'
● **培育者**：1978 年德国 Reimer Kordes。

'无条件的爱'（'Unconditional love'）Min.

- ● **别名**：'ARDwesternstar'，'Lang Havey'
- ● **性状**：花深红色。花朵盘状、簇花、不露心，花径 4~5 cm，花瓣圆形、瓣质中等，约 40 枚，微香。花蕾圆形，带刺毛，花托杯状，花梗具明显刺状刚毛、黄绿色。小叶椭圆形，叶深绿色有光泽，叶革质，叶质厚，叶缘粗锯齿状。枝条细，绿色；皮刺直、大小间杂、密，刺体黄色泛红。植株低矮，分枝性好，生长迅速，集群开花，花色热烈，花量大。
- ● **亲本**：'Sequoia Ruby' × 'Scarlet Moss'
- ● **培育者**：2003 年美国 Paul Barden。

'甜蜜马车'（'Sweet Chariot'）Min.

● **别名**：'爆香紫'，'可爱马车''MORchari'，'Insolite'
● **性状**：花紫红色，后期颜色变浅。花朵平瓣盘状，满心，花径 3.5~4 cm，花瓣长卵形、瓣质薄、54~71 枚，微香。花蕾圆形、花托杯状，花梗软、有刚毛、绿色。小叶卵形，叶浅绿色半光泽，叶纸质，叶质薄，叶面上翻，叶缘细锯齿状。枝条硬度中等，绿色；皮刺钩刺、小、稀疏，刺体红色。植株低矮，分枝力强，花量极大，多季节重复开放。

● **亲本**：'Little Chief' × 'Violette'
● **培育者**：1984 年美国 Ralph S. Moore。

'彩虹'（'Rainbow's End'）Min.

● **别名**：'SAValife'
● **性状**：花初开金黄色，中期金黄镶红边，后期桃红色。花朵卷边盘状、半露心，花径 4~6 cm，花瓣圆形、瓣质中等、30~36 枚，无香味。花蕾圆尖形，花托杯状，花梗短，有刚毛、泛红。小叶卵形，叶深绿色有光泽，叶面平展，叶缘粗锯齿状，嫩叶黄绿泛红。枝条细而有韧性，嫩枝泛红；皮刺直、少、中等大小，刺体泛红。植株低矮，长势旺盛，分枝力强，花头众多，花期长。

● **亲本**：'Rise 'n' Shine' × 'Watercolor'
● **培育者**：1984 年美国 F. Harmon Saville。

‘太阳姑娘’（‘Sun Maid’）Min.

● **性状**：花红黄混色，初开金黄色，随着开放泛红，后期变粉红色。花朵绒球状、半露心，花径 3~4 cm，花瓣扇形、瓣质中等、53~58 枚，无香味。花蕾球形，花托杯状，花梗短、无刚毛、泛紫红色。小叶卵形，叶绿色无光泽，叶纸质，叶质厚，叶面微向内翻卷，叶缘细锯齿状，嫩叶黄绿色。枝条较细，硬度中等，绿色；皮刺直、大，刺体黄绿泛红。植株低矮，生长旺盛，花色艳丽，花量大，多季节重复开放。

● **亲本**：‘Unnamed Seedling’×‘Unnamed Seedling’

● **培育者**：1972 年荷兰 Hette Spek。

'旋转木马'（'Magic Carrousel'）Min.

● **别名**：'变色木马'，'MOORcar'

● **性状**：花红白复色，花瓣白色镶红边。花朵翘角盘状、露心，花径3~4 cm，花瓣阔圆形，20枚，微香。花蕾圆尖形，花托杯状，花梗短、有刚毛、绿色。小叶卵形，叶深绿色半光泽，叶面平展，叶缘细锯齿状，嫩叶黄绿色。枝条细、短，翠绿色；皮刺斜直、小、少。植株低矮，分枝力强，花量大，花色鲜艳。

● **亲本**：'Little Darling'×'Westmont'

● **培育者**：1972年美国 Ralph S. Moore。

'西方大地'（'Westerland'）CL.

● **别名**：'KORwest'

● **性状**：花橘黄至橘红色，后期色泽变淡。花朵盘状、集成花簇、露心，花径8~9 cm，花瓣扇形、瓣质薄、约20枚。花蕾圆尖形，花托杯状，花梗软、泛红。小叶阔椭圆形，叶绿色有光泽，叶面略皱，叶脉明显，叶缘细锯齿状。枝条硬挺，泛红；皮刺直、中等大小、较密，刺体泛红。植株藤蔓型，生长旺盛，分枝力强，花色柔美，花量大。

● **亲本**：'Friedrich Wörlein' × 'Circus'

● **培育者**：1969年德国Reimer Kordes。

'爱慕'（'Aloha'）CL.

- **性状**：花淡粉色，瓣背面颜色深。花朵莲座状，花径约 8 cm，花瓣扇形、瓣质中等、67~72 枚，芳香。花蕾圆尖形，花托三角状，花梗硬度中等、有刚毛、绿色泛红。小叶圆形，叶深绿色有光泽，叶革质，叶质厚，叶缘粗锯齿状。枝条硬度中等，皮刺直、大小间杂，刺体黄绿色泛红。植株藤蔓型，长势强健，分枝力强，抗病性好，花量大，可重复开放。
- **亲本**：'Mercedes Gallart' × 'New Dawn'
- **培育者**：1949 年美国 Eugene S. "Gene" Boerner。

‘安吉拉’（‘Angela’）CL.

● **别名**：‘KORday’，‘Angelica’

● **性状**：花粉红色，中心色淡。花朵杯状，花径约 4 cm，花瓣扇形、瓣质中等、16~18 枚，簇花，小集群，无香味。花蕾圆尖形，花托球状，花梗软、有刚毛、绿色。小叶卵形，叶绿色有光泽，叶革质，叶质中等，叶脉略明显，叶缘粗锯齿状。枝条硬度中等，绿色；皮刺弯、中等大小、较密，刺体红色黄尖。植株藤蔓型，分枝力强，长势旺，花量极大，勤花、耐开，多季节连续开放。

● **亲本**：‘Yesterday’ × ‘Peter Frankenfeld’

● **培育者**：1975 年德国 Reimer Kordes。

现代月季 ● 藤本月季（CL.）

'大游行'（'Parade'）CL.

- **性状**：花深粉红色。花朵卷边杯状，花径 9~11 cm，花瓣圆形、瓣质薄、40~45 枚，微香。花蕾圆尖形，花托杯状，花梗长软、有刚毛、绿色。小叶椭圆形，叶深绿色无光泽，叶边缘下卷，叶缘粗锯齿状。枝条中绿色，皮刺直、中等大小、较密，刺体红色。植株藤蔓型，长势强健，分枝力强，抗病性强，花型优美，勤花、耐开，可多季节开放。
- **亲本**：Seedling of 'New Dawn' × 'World's Fair'
- **培育者**：1953 年美国 Eugene S. Gene Boerner。

'嫦娥奔月' CL.

● **性状**：花朱红色。花朵盘状、半露心，单枝花量多，聚状开放，花径 6~7 cm，花瓣扇形，17~25枚，无香味。花蕾圆尖形，花托杯状，花梗短软、有刚毛、泛红。小叶卵形，叶深绿色半光泽，叶面略皱，叶缘粗锯齿状，嫩叶黄绿色。枝条长而有韧性，皮刺直、中等大小、较密，刺体橙红色。植株藤蔓型，分枝力强，花色艳丽，花型优美，花量大，勤花、耐开。

● **亲本**：'Toung Fairies' × 'Carola'

● **培育者**：1978 年中国南阳赵国有。

'橘红火焰'（'Orange Fire'）CL.

● **别名**：'INTerfire'，'Darthuizer Orange Fire'
● **性状**：花橘红色。花朵平瓣盘状、露心，成团成簇开放，花径 5~7 cm，花瓣扇形、瓣质中等、18~20 枚，微香。花蕾圆尖形，花托杯状，花梗软、无刚毛、泛红。小叶阔椭圆形，叶绿色有光泽，叶脉明显，叶面略皱，叶缘粗锯齿状，嫩叶黄绿色。枝条长直，绿色泛红；皮刺直、大、较密，刺体红色。植株藤蔓型，生长迅速，分枝力强，花色艳丽，花量大。
● **亲本**：'Orange Wave' × 'Unnamed Seedling'
● **培育者**：1988 年之前荷兰 G. Peter Ilsink。

'朱红女王'（'Scarlet Queen Elizabeth'）CL.

● **别名**：'橘红女王'，'橘魁'

● **性状**：花朱红色。花朵盘状、露心，花径约 10 cm，花瓣波形、瓣质薄、约 26 枚，无香味。花蕾圆尖形，花托球状，花梗长、软、有刚毛、微泛红。小叶椭圆形，叶面平展，叶深绿色有光泽，叶革质，叶质厚，叶缘细锯齿状，嫩叶黄绿泛红。枝条硬挺，泛红；皮刺直、大、较密，刺体红色。植株藤蔓型，生长旺盛，花量大，多花、勤花，花色鲜艳。

● **亲本**：（'Korona'דUnnamed Seedling)×'Queen Elizabeth'

● **培育者**：1963 年英国 Patrick Dickson。

'瓦尔特大叔'（'Uncle Walter'）CL.

● **别名**：'MACon'
● **性状**：花深红色。花朵盘状、露心，花径 7~8 cm，花瓣扇形、瓣质中等、15~20 枚，微香。花蕾圆尖形，花托杯状，花梗有刚毛、泛红色。小叶卵形，叶纸质，叶质厚，叶深绿色半光泽，叶脉明显，叶边缘向内翻，叶缘粗锯齿状。枝条硬、长，绿色；皮刺直、多、中等大小、较密，刺体红色刺尖泛黄。植株藤蔓型，生长旺盛，花量大，花色艳丽，多花、勤花。

● **亲本**：'Detroiter' × 'Heidelberg'
● **培育者**：1959 年爱尔兰 Samuel Darragh McGredy IV。

'御用马车'（'Parkdirektor Riggers'）CL.

- **性状**：花鲜红色。花朵杯状、不露心、花径 10~11 cm，花瓣圆形、瓣质厚、32~42 枚，无香味。花蕾圆尖形，花托碗状，花梗细长、硬度中等、无刚毛、泛红。小叶阔卵形，叶绿色有光泽，叶革质，叶质厚,叶缘细锯齿状。枝条粗、直、绿色；皮刺直、多、中等大小，刺体橙红色。植株藤蔓型，长势强劲，攀缘性强，花色艳丽，花头众多，花期长，多季节持续开放。

- **亲本**：'Rosa kordesii H. Wul-ff'×'Our Princess'
- **培育者**：1957 年德国 Reimer Kordes。

现代月季 ● 藤本月季（CL.）

'至高无上'（'Altissimo'）CL.

● **性状**: 花鲜红色。花朵盘状、露心，花径 8~9 cm，花瓣扇形、瓣质厚、7 枚，无香味。花蕾卵形，花托球状，花梗短、有刚毛、泛红。小叶卵形，叶深绿色无光泽，叶面平展，叶缘细锯齿状。枝条直，绿色；皮刺斜直、密、中等大小，刺体红色。植株藤蔓型，高大，生长势强，花量大，花色艳丽。

● **亲本**: 'Ténor' × 'Unnamed Seedling'

● **培育者**: 1966 年之前法国 Georges Delbard。

'紫晶巴比伦'（'Amethy Babylon'）CL.

● **别名**：'INTereyruppin'

● **性状**：花淡紫红色，瓣基深红色。花朵平瓣盘状、露心，花径 6~7 cm，花瓣扇形、瓣质中等、19~20 枚，芳香。花蕾圆尖形，花托杯状，花梗软、密布刚毛、绿色。小叶长卵形，叶绿色无光泽，叶纸质，叶面上翻，叶缘粗锯齿状。枝条硬挺，绿色；皮刺直、较密、中等大小，刺体红色，嫩刺黄绿色。植株藤蔓型，长势强健，分枝力强，花色梦幻独特，花型优雅，勤花、多花，多季节重复开放。

● **亲本**：'Unnamed Seedling' x 'Unnamed Seedling'

● **培育者**：2013 年之前荷兰 interplant。

现代月季 ●藤本月季（CL.）

'夏令营'CL.

- **性状**：花表里双色，瓣面鲜红色，瓣背白色。花朵高心翘角，花径 3~5 cm，花瓣阔圆形、瓣质厚、25~30 枚，无香味。花蕾圆尖形，花托球状，花梗短硬、无刚毛、泛红。

小叶椭圆形，叶绿色半光泽，叶纸质，叶质薄，叶面平展，叶缘细锯齿状，嫩叶泛红。枝条有韧性，绿色；皮刺直、密、中等大小，刺体红色。植株藤蔓型，长势强健，生长迅速，适应性强，花色艳丽，花量大，可多季节开放。

- **亲本**：'Maddy'×*R.multi-flora*
- **培育者**：1998 年中国南阳赵国有。

'光谱'（'Spectra'）CL.

- **别名**：'MEIzalitaf'，'Banzai 83'
- **性状**：花红黄复色，花瓣深黄色，随开放变色呈红晕。花朵高心卷边，花径 10 cm，花瓣圆形、瓣质厚、22~28 枚，微香。花蕾卵形，花托杯状，花梗短、无刚毛、泛红。小叶卵形，叶深绿色有光泽，叶革质，叶质厚，叶面上翻，叶脉较明显，叶缘细锯齿状。枝条硬挺，嫩枝紫红色；皮刺弯、小、少，刺体泛红。植株藤蔓型，长势强健，花色透亮，花容优雅，勤花、耐开。
- **亲本**：（'MEIgold'×'Peer Gynt'）×[（'MEIalfi'×'MEIfan'）×'King's Ransom']
- **培育者**：1983 年之前法国 Marie-Louise (Louisette) Meilland (Paolino)。

'藤彩虹'（'Rainbow's End，CL'）CL.

- **别名**：'SAVaclend'
- **性状**：花黄红复色，花瓣初开金黄色，中期金黄镶红边，后期桃红色。花朵卷边盘状、半露心，花径 4~6 cm，花瓣圆形、瓣质中等、30~36 枚，微香。花蕾圆尖形，花托杯状，花梗短、有刚毛、泛红。小叶卵形，叶深绿色有光泽，叶面平展，叶缘粗锯齿状，嫩叶黄绿泛红。枝条细而有韧性，嫩枝泛红；皮刺直、少、中等大小，刺体泛红。植株藤蔓型，长势强劲，分枝力强，花头众多，花期长，多季节持续开放。
- **亲本**：Sport of 'Rainbow's End'
- **培育者**：1998 年美国 Sue O'Brien。

'寒地玫瑰' R.

● **性状**：花粉红色，后期浅粉色。花朵卷边盘状、露心，花径 5~7 cm，花瓣长阔形、瓣质薄、20~25 枚，无香味。花蕾圆尖形，花托钟状，花梗直立、有刚毛、红色。小叶卵形，小型叶，叶深绿色有光泽，叶革质，叶质厚，叶缘粗锯齿状，嫩叶黄绿色。枝条较细、硬，绿色；皮刺直、小、稀疏，刺体红色。植株开张型，长势强健，抗病性强，花量大，多季节重复开放。

● **亲本**：'Unnamed Seedling' × 'Unnamed Seedling'

'巴西诺'（'Bassino'）R.

- **别名**：'KORmixal'，'Suffolk'
- **性状**：花鲜红色，金黄色雄蕊。花朵盘状，皱折开花形式，露心，集群花，花径约3 cm，花瓣扇形、瓣质厚，4~8 枚，无香味。花蕾圆尖形，花托杯状，花梗短、有刚毛、泛红。小叶卵形，小型叶，叶深绿色有光泽，叶革质，叶缘粗锯齿状。枝条细长，绿色；皮刺直、多、中等大小，刺体红色。植株藤蔓型，分枝力强，生长旺盛，花量大，花型清新可爱，花色艳丽。
- **亲本**：（'Sea Foam' × 'Red Max Graf'）×unnamed Seedling
- **培育者**：1988 年德国 W.Kordes & Sons。

'塞维蔡斯'（'Chevy Chase'）R.

- **性状**：花玫红至深红色，随着开放有部分花瓣变白。花朵平瓣盘状、满心，花径 4~ 5 cm，花瓣扇形、瓣质薄、47~48 枚，无香味。花蕾圆形，花托杯状，花梗短、软、无刚毛、泛红。小叶卵形，叶绿色无光泽，叶纸质，叶质厚，叶面上翻，叶缘细锯齿状。枝条硬度中等，绿色；皮刺直、中等大小、较密，刺体红色。植株开张型，生长旺盛，分枝力强，花量大，集群开放，多季节重复开放。

- **亲本**：'Soulieana Crépin' × 'Éblouissant'
- **培育者**：1939 年美国 Niels J. Hansen。

现代月季 ● 小姐妹月季（Pol.）

'闪电'（'Eclair'）Pol.

● **别名**：'埃克莱尔'

● **性状**：花浅绿色。花朵球状、露心，花径 2~3 cm，花瓣扇形、瓣质中等、36~41 枚，

无香味。花蕾圆形，花托球状，花梗硬度中等、无刚毛、翠绿色。小叶披针形，叶面上翻，叶黄绿色有光泽，叶革质，叶质中等，叶缘细锯齿状。枝条细，翠绿色；皮刺弯、小、稀疏，刺体黄绿色。植株半开张型，长势强健，可多季节重复开放。

● **亲本**：'Unnamed Seedling' × 'Unnamed Seedling'

● **培育者**：2006 年日本 Kirin Agri Bio。

‘白梅郎’（‘White Meidiland’）S.

- **别名**：‘MElcoublan’，‘Super Swany’，‘Blanc Meillandécor’
- **性状**：花白色。花朵杯状，多心，花径 5~6 cm，花瓣圆形、瓣质薄、40~45 枚，微香。花蕾圆尖形，花托杯状，花梗短、有刚毛。小叶卵形，小型叶，叶深绿色半光泽，叶质厚，叶面边缘向上翻，叶缘细锯齿状。枝条硬，翠绿色；皮刺斜直、中小间杂，刺体淡橙色。植株开张型，花量大，勤花，气质清新。
- **亲本**：‘Temple Bells’×‘Coppélia '76’
- **培育者**：1987 年法国 Marie-Louise (Louisette) Meilland (Paolino)。

'诗人的妻子'（'The Poet's Wife'）S.

- **别名**：'AUSwhirl'
- **性状**：花淡黄色，随着开放颜色变淡。花朵莲座状，花径约 9 cm，花瓣扇形、瓣质薄、千重瓣、78~97 枚，浓香。花蕾圆尖形，花托杯状，花梗硬度中等、有刚毛、泛红色。小叶圆形，复叶 7 小叶居多，叶绿色有光泽，叶革质，叶质厚，叶缘粗锯齿状。枝条硬度中等；皮刺弯、中等大小、较密，刺体红色。植株灌木型，生长旺盛，分枝力强，花量大，花色艳丽，花容气质婉约。
- **亲本**：'Unnamed Seedling' × 'Unnamed Seedling'
- **培育者**：2014 年之前英国 David C. H. Austin。

'艾玛·汉密尔顿夫人'（'Lady Emma Hamilton'）S.

- **别名**：'AUSbrother'
- **性状**：花橙色或橙红色混合。花朵为杯状、半露心、簇花，花径 7~8 cm，花瓣阔圆形、瓣质厚、41~42 枚，浓香。花蕾圆尖形，花托碗状，花梗硬度中等、密布刚毛、紫红色。

  小叶卵形，叶面皱，叶黄绿色半光泽，叶质厚，叶缘粗锯齿状，嫩叶紫红色。枝条较细，紫红色；皮刺直、中等大小、稀疏，刺体红色。植株开张型，分枝力强，花量大，可多季节重复开放。
- **亲本**：'Unnamed Seedling'×'Unnamed Seedling'
- **培育者**：2005 年英国 David C. H. Austin。

现代月季 ● 灌木月季（S.）

'欢笑格鲁吉亚'（'Teasing Georgia'）S.

● **别名**：'AUSbaker'
● **性状**：花中心杏黄色，随着开放外层花瓣颜色变浅。花朵四心莲座状，花径
7~8 cm，花瓣扇形、瓣质薄、千重瓣、59~77 枚，芳香。花蕾圆形，花托杯状，花
梗软、有刚毛、绿色。小叶长椭圆形，叶绿色半光泽，叶面略皱，叶脉明显，叶缘细
锯齿状，嫩叶黄绿色。枝条硬；皮刺直、大、较密，刺体红色。植株灌木型，分枝力
强，生长旺盛，花色艳丽，花量大。
● **亲本**：'Charles Austin' × 'Undisclosed'
● **培育者**：1987 年英国 David C. H. Austin。

'玛格丽特王妃'（'Crown Princess Margareta'）S.

● **别名**：'AUSwinter'

● **性状**：花杏黄色，后期颜色变淡。花朵四心莲座状，花径 8~10 cm，花瓣扇形、瓣质薄、千重瓣、118~138 枚，芳香。花蕾圆尖形，花托钟状，花梗软、有刚毛、绿色。小叶卵形，叶深绿色无光泽，叶质厚，叶脉明显，叶缘下卷，叶缘粗锯齿状。枝条硬；皮刺斜直、中等大小、稀疏，刺体红色。植株灌木型，分枝力强，勤花、耐开，多季节重复开放。

● **亲本**：'Unnamed Seedling' × 'Abraham Darby'

● **培育者**：1990 年英国 David C. H. Austin。

'夏洛特夫人'（'Lady of Shalott'）S.

- **别名**：'夏洛特女郎'，'AUSnyson'
- **性状**：花杏黄色，边缘粉晕，背面黄色。花朵卷边盘状、不露心，花径 9~10 cm，

花瓣扇形、瓣质中等、53~59 枚，芳香。花蕾圆形，花托杯状，花梗长、软、无刚毛、泛红。小叶卵形，叶深绿色无光泽，叶纸质，叶质厚，叶面略皱，叶缘粗锯齿状。枝条硬挺，泛红色；皮刺斜直、小、较密，刺体红色。植株灌木型，生长旺盛，分枝力强，花色艳丽夺目，花型优美，多头、勤花，多季节重复开放。
- **亲本**：'Unnamed Seedling' × 'Unnamed Seedling'
- **培育者**：2009 年之前英国 David C. H. Austin。

'真宙'（'Masora'）S.

- **性状**：花春天杏粉色，夏天柠檬粉色。花朵四心莲座状，花径 7~8 cm，簇花开放，花瓣圆形、瓣质薄、千重瓣、227~238 枚，芳香。花蕾圆尖形，花托三角状，花梗硬度中等、有刚毛、暗红色。小叶卵形，复叶 7 小叶居多，叶深绿色有光泽，叶质厚，叶面略皱，叶脉明显，叶缘粗锯齿状。枝条硬挺，绿色；皮刺直、细长、中等大小、较密，刺体黄色泛红。植株灌木型，分枝力强，花色娇嫩，多季节重复开放。
- **亲本**：'Heritage' × 'Amber Queen'
- **培育者**：2009 年之前日本 Yoshiike Teizo。

现代月季 ● 灌木月季（S.）

'草莓杏仁饼'（'Strawberry Macaron'）S.

● **性状**：花浅桃粉色，瓣缘偶带桃红色。花朵可爱小杯状、似小包子、露心，花径5~6 cm，花瓣圆形、瓣质薄、27~30 枚，无香味。花蕾圆尖形，花托杯状，花梗长、硬度中等、有刚毛。小叶长卵形，叶绿色半光泽，叶纸质，叶质厚，枝条硬度中等，绿色；皮刺直、中等大小、较密，刺体橙红色。植株半开张型，花量大，粉嫩可爱，多季节重复开放。

● **亲本**：'Unnamed Seedling' × 'Unnamed Seedling'
● **培育者**：2010 年日本 Hiroshi Ogawa。

'古代水手'（'The Ancient Mariner'）S.

- **别名**：'AUSoutcry'
- **性状**：花粉白色，花心粉色，外层颜色略浅。花朵莲座状、半露心，花径 9~11 cm，花瓣扇形、瓣质薄、85~91 枚，芳香。花蕾圆尖形，花托杯状，花梗短软、密布刚毛、翠绿色。小叶卵形，叶深绿色半光泽，叶质厚，叶面向内卷，略皱，叶缘刺齿状。枝条较细硬，绿色泛红；皮刺有弯有直、中等大小，刺体红色。植株灌木型，长势强健，分枝力强，多头开花，花量大，花期长。

- **亲本**：'Unnamed Seedling' × 'Unnamed Seedling'
- **培育者**：2015 年之前英国 David C. H. Austin。

'灰姑娘'（'Cinderella Fairy Tale'）S.

● **别名**：'辛德瑞拉'，'Korfobalt'，'La Giralda'
● **性状**：花粉白色。花朵莲座状，花径 5~6 cm，花瓣扇形、瓣质薄、千重瓣、108~114 枚，无香味。花蕾圆形，花托杯状，花梗软、密布刚毛、泛红。小叶圆形，叶绿色半光泽，叶纸质，叶质厚，叶缘下卷，叶缘细锯齿状。枝条硬挺，绿色；皮刺弯、密、中等大小，刺体红色。植株灌木型，分枝力强，花量大，勤花，可多季节重复开放。

● **亲本**：'Unnamed Seedling'×'Centenaire de Lourdes'
● **培育者**：1992 年德国 Wilhelm. Kordes & Sons。

'禁忌感官'（'Forbidden Parfum'）S.

● **性状**：花粉色，泛薰衣草紫。花朵四心莲座状，花径 11~12 cm，花瓣圆形、瓣质中等、千重瓣、195~218 枚，芳香。花蕾笔尖形，花托三角状，花梗硬度中等、有刚毛、绿色。小叶卵形，叶绿色半光泽，叶纸质，叶质厚，叶脉明显，叶缘粗锯齿状，嫩叶泛红。枝条硬挺，绿色；皮刺弯、小、稀疏，刺体红色。植株半开张型，花色梦幻柔美，花型优雅精致，勤花、耐开，可多季节重复开放。

● **亲本**：'Unnamed Seedling'×'Unnamed Seedling'

'慷慨的园丁'（'The Generous Gardener'）S.

- **别名**：'AUSdrawn'
- **性状**：花浅粉色，随着开放外侧花瓣颜色变淡。花朵莲座状、露心，花径 6~8 cm，花瓣扇形、瓣质薄、40~50 枚，浓香。花蕾圆尖形，花托杯状，花梗短、绿色。小叶卵形，叶绿色半光泽，叶纸质，叶脉明显，叶面上翻，叶缘腺齿。枝条细长，紫红色；皮刺斜直、中等大小、稀疏，刺体红色。植株灌木型，分枝力强，花色柔和，香味浓郁，可多季节持续开放。

- **亲本**：'Sharifa Asma'×'Undisclosed'
- **培育者**：2002 年英国 David C.H. Austin。

'肯特公主'（'Princess Alexandra of Kent'）S.

● **别名**：'亚历山德拉公主'，'AUSmerchant'

● **性状**：花粉红色。花朵莲座状，花径 10~12 cm，花瓣圆形、瓣质薄、千重瓣、112~124 枚，芳香。花蕾圆尖形，花托杯状，花梗硬度中等、有刚毛。小叶圆形，叶深绿色半光泽，叶纸质，叶质厚，叶面略皱，叶缘粗锯齿状。枝条硬挺，泛红；皮刺弯、中等大小、较密，刺体红色。植株灌木型，分枝力强，花色艳丽，花型优雅，花量大，花期长，可多季节重复开放。

● **亲本**：'Unnamed Seedling' × 'Unnamed Seedling'

● **培育者**：2002 年英国 David C. H. Austin。

'罗宾汉'（'Robin Hood'）S.

- **性状**：花粉红色，花心白色。花朵平瓣盘状、露心，花径 4 cm，花瓣心形、瓣质薄、8~14 枚，无香味。花蕾圆尖形，花托杯状，花梗短软、密布刚毛、泛红。小叶披针形或阔披针形，叶深绿色半光泽，叶纸质，叶质厚，叶脉明显，叶面略皱，叶缘粗锯齿状。枝条硬，绿色；皮刺直、大、较密，刺体红色。植株灌木型，生长旺盛，分枝力强，簇花开放，花型可爱，可持续开放。

- **亲本**：'Unnamed Seedling'×'Miss Edith Cavell'

- **培育者**：1927 年之前英国 Rev. Joseph Hardwick Pemberton。

'梅朗珍珠'（'Palmengarten Frankfurt'）S.

- **别名**：'KORsilan'
- **性状**：花粉红色。花朵盘状，花径约 3 cm，簇状开放，花瓣心形、瓣质薄、30~31 枚，无香味。花蕾圆形，花托杯状，花梗短、无刚毛、微泛红。小叶长椭圆形，小型叶，叶深绿色半光泽，叶纸质，叶质厚，叶面平展，叶缘粗锯齿状。枝条硬挺，绿色；皮刺斜直、中等大小、稀疏，刺体橙红色。植株灌木型，生长旺盛，花色艳丽，花量大，多季节开放。
- **亲本**：（'The Fairy'דTemple Bells'）×（'Bubble Bath'דLilli Marleen'）
- **培育者**：1988 年德国 W. Kordes & Sons。

'夏日花火'（'Summer Fireworks'）S.

● **性状**：花鲑鱼粉色，外层花瓣粉白色，高温下颜色变浅。花朵莲座状，花径 6~8 cm，成簇开放，花瓣圆形、瓣质薄、千重瓣、152~200 枚，微香。花蕾圆尖形，花托杯状，花梗短、有刚毛、泛红。小叶圆形，叶深绿色半光泽，叶纸质，叶质厚，叶脉明显，叶面下卷，叶缘细锯齿状。枝条硬度中等，绿色；皮刺直、中等大小、稀疏，刺体红色。植株半开张型，生长旺盛，分枝力强，花型饱满，多花、勤花，多季节重复开放。

● **亲本**：'Brown Velvet' × 'Heritage'

● **培育者**：2012 年中国江苏常熟姜正之。

'自由精神'（'Spirit of Freedom'）S.

● **别名**：'AUSbite'

● **性状**：花浅粉色。花朵四心莲座状，花径 7~8 cm，花瓣阔卵形、瓣质薄、千重瓣、215~322 枚，浓香。花蕾圆尖形，花托杯状，花梗硬度中等、无刚毛、绿色。小叶椭圆形，叶绿色半光泽，叶质中等，叶面略皱，叶缘粗锯齿状。枝条长硬，绿色；皮刺斜直、中等大小、稀疏，刺体红色。植株灌木型，长势强健，分枝力强，花色粉嫩，香味浓郁，勤花、耐开，多季节重复开放。

● **亲本**：'Unnamed Seedling' × 'AUScot'

● **培育者**：1998 年英国 David C. H. Austin。

'艾拉绒球'（'Pomponella'）S.

● **别名**：'KORpompan'，'Pomponella Fairy Tale'

● **性状**：花深粉红色，初期颜色更深。花朵杯状，花径约5cm，花瓣圆形、瓣质中等、53~55枚，微香。花蕾圆形，花托碗状，花梗中等硬度，泛红色。小叶卵形，叶浅绿色有光泽，叶革质，叶质厚，叶面上翻，叶缘细锯齿状。枝条硬度中等，绿色；皮刺斜直、中等大小、较密，刺体红色。植株灌木型，分枝力强，花量大，花型小巧可爱，可多季节重复开放。

● **亲本**：'Unnamed Seedling' × 'Unnamed Seedling'

● **培育者**：2005年德国Wilhelm Kordes & Sons。

'荷叶袖'（'Frilly Cuff'）S.

● **别名**：'BEAjingle'

● **性状**：花樱桃红色。花朵莲座状、满心，花径约 7 cm，花瓣扇形、瓣质中等、千重瓣、93~117 枚，微香。花蕾圆尖形，花托三角状，花梗短、无刚毛、绿色泛红。小叶卵形，叶绿色半光泽，叶纸质，叶质厚，叶面上翻，叶缘粗锯齿状。枝条硬挺，泛红；皮刺直、中等大小、较密，刺体红色。植株灌木型，生长旺盛，分枝力强，花量大，可多季节重复开放。

● **亲本**：'Unnamed Seedling'×'Unnamed Seedling'

● **培育者**：2014 年之前英国 Amanda Beales。

现代月季 ● 灌木月季（S.）

'红苹果'（'Red Apple'）S.

● **性状**：花鲜红色。花朵四心莲座状，花径 6~8 cm，花瓣圆形、瓣质薄、千重瓣、75~82 枚，无香味。花蕾圆尖形，花托杯状，花梗硬短、有刚毛、泛红色。小叶卵形，叶绿色半光泽，叶质厚，叶缘刺齿状。枝条硬挺，绿色；皮刺弯、中等大小、较密，刺体橙红色。植株开张型，抗病性好，多头开花，勤花、多花。

● **亲本**：'Unnamed Seedling' × 'Unnamed Seedling'

● **培育者**：2009 年之前日本。

'红色达芬奇'（'Red Leonardo da Vinci'）S.

● **别名**：'Hilde Umdasch'，'MEIangele'

● **性状**：花暗红色。花朵四心莲座状，花径 6~7 cm，花瓣圆形、瓣质厚、千重瓣、123~129 枚，芳香。花蕾圆形，花托杯状，花梗硬度中等、紫红色。小叶圆形，叶绿色有光泽，叶革质，叶质厚，叶缘粗锯齿状。枝条硬度中等，紫红色；皮刺直、中等大小、较密，刺体红色。植株灌木型，分枝力强，花量大，多季节重复开放。

● **亲本**：'Rote Max Graf' ×（'Cassandre' × 'Bonica'）

● **培育者**：2005 年之前法国 Meilland International。

'红色重瓣绝代佳人'（'Double Knock Out'）S.

● **别名**：'RADtko'

● **性状**：花红色。花朵杯状、露心，花径约 7 cm，花瓣扇形、瓣质薄、29~31 枚，无香味。

花蕾圆尖形，花托球状，花梗短、硬度中等、有明显小刺、暗红色。小叶卵圆形，叶深绿色边缘泛红，半光泽，叶纸质，叶质厚，叶面下卷，叶缘细锯齿状，嫩叶泛红。枝条硬挺，紫红色；皮刺斜直、大、较稀疏，刺体红色。植株半开张型，生长旺盛，分枝力强，花量大，可多季节重复开放。

● **亲本**：'RAD85-139.1'דRAD84-196.8'

● **培育者**：1999 年之前美国 William J. Radler。

‘红五月’ S

● **性状**：花深粉色至红色。花朵杯状，花径 8~10 cm，花瓣圆形、瓣质中等、30~35 枚，清香。花蕾卵形，花托杯状，花梗直、密布刚毛、紫红色。小叶卵圆形，中等大小，叶绿色无光泽，叶纸质，叶缘粗锯齿状。枝条略细，嫩枝和嫩叶红色；皮刺斜直、中等大小、中等密度，刺体红色。株型半开张型，生长势强，耐粗放管理，花色艳丽，花型优美。

● **亲本**：‘假日美景’×‘贝林’
● **培育者**：2012 年中国北京巢阳和勇伟。

'蔻丹' S

● **性状**：花心玫红色，外层花瓣背面颜色变淡。花朵四心莲座状，花径 6~8 cm，花瓣长卵形、瓣质薄、86~88 枚，无香味。花蕾圆尖形，花托杯状，花梗硬度中等、密布刚毛。小叶圆形，叶纸质，叶质厚，叶深绿色半光泽，叶缘细锯齿状，嫩叶黄绿色。枝条硬挺，绿色；皮刺斜直、小、稀疏，刺体泛红。植株直立型，抗病性强，花色娇艳，花型精致可爱，多季节重复开放。

● **亲本**：'Red Eden' × 'Abraham Darby'

● **培育者**：2012 年中国江苏常熟姜正之。

'恋情火焰'（'Mainaufeuer'）S.

- **性状**：花红色。花朵盘状、露心，簇花，花径 6~8 cm，花瓣扇形、瓣质中等、20~24 枚，无香味。花蕾卵形，花托球状，花梗短、有刚毛、泛红。小叶卵形，叶面上翻，叶深绿色有光泽，叶革质，叶脉明显，叶缘细锯齿状。枝条细长，翠绿色；皮刺弯、多、中等大小，刺体黄绿色、微泛红。植株灌木型，抗病性强，花量大，勤花、多花，花色艳丽。

- **亲本**：'Weisse Max Graf'דWal-zertraum'
- **培育者**：1990 年德国 Wilhelm Kordes III。

现代月季 ● 灌木月季（S.）

'丁香经典'（'Lilac Classic'）S.

● **别名**：'紫丁香'，'复古丁香'

● **性状**：花淡蓝紫色，中心颜色重。花朵杯状、半露心，花径 5~6 cm，花瓣阔圆形、瓣质厚、千重瓣、85~99 枚，无香味。花蕾圆尖形，花托球状，花梗短、硬度中等、无刚毛。小叶圆形，叶深绿色有光泽，叶革质，叶质厚，叶面上翻，叶缘粗锯齿状。枝条硬度中等，翠绿色；皮刺直、中等大小、稀疏，刺体橙红色。植株开张型，花色淡雅，单花花期长，多季节开花。

● **亲本**：'Unnamed Seedling' × 'Unnamed Seedling'

● **培育者**：2014 年荷兰 Interplant。

'青金石'（'Lapis Lazuli'）S.

- **性状**：花蓝紫色，随着开放颜色变浅。花朵杯状、满心，花径 5~6 cm，花瓣扇形、瓣质中等、千重瓣、87~93 枚，微香。花蕾圆尖形，花托三角状，花梗短、有刚毛、泛红色。小叶椭圆形，叶深绿色无光泽，叶质中等，叶面平展，叶缘粗锯齿状。枝条长，硬度中等；皮刺直、小、稀疏，刺体红色。植株开张型，分枝力强，花色淡雅，可多季节重复开放。
- **亲本**：'Unnamed Seedling' × 'Unnamed Seedling'
- **培育者**：2014 年日本 Takunori Kimura。

‘深夜之蓝’（‘Midnight Blue’）S.

- **别名**：‘WEKfabpur’
- **性状**：花深蓝紫色。花朵盘状、露心，花径 7~9 cm，花瓣扇形、瓣质中等、17~25 枚，浓香。花蕾圆尖形，花托杯状，花梗长直、无刚毛、绿色。小叶卵形，叶绿色半光泽，叶纸质，叶质中等，叶面上翻，叶缘粗锯齿状，嫩叶黄绿泛红边。枝条硬挺，绿色，无刺。植株半开张型，分枝力强，花色特别，气质魅惑，勤花群开，多季节开放。
- **亲本**：[（‘Sweet Chariot’×‘Blue Nile’）×‘Stephens' Big Purple’]×[（‘International Herald Tribune’×‘Hybrid of R. soulieana’）×（‘Sweet Chariot’×‘Blue Nile)]
- **培育者**：2004 年美国 Tom Carruth。

‘天方夜谭’（‘Sheherazade’）S.

- **别名**：‘雪拉莎德’，‘KIMteller’
- **性状**：花蓝紫色，外层花瓣边缘泛白。花朵盘状，中轮波浪形，花径6~7 cm,花瓣圆形、瓣质中等、53~55枚，浓香。花蕾圆尖形，花托杯状，花梗硬度中等、无刚毛、绿色。小叶卵形，叶深绿色半光泽，叶纸质，叶质中等，叶面上翻，叶缘刺齿状。枝条硬挺，紫红色；皮刺直、中等大小、较密，刺体红色。植株半开张型，株型饱满，花色艳丽，花型别致，花期长，花量大，可多季节重复开放。

- **亲本**：‘Urara’דJubilee Celebration’
- **培育者**：2013年之前日本 Takunori Kimura。

'多特蒙德'（'Dortmund'）S.

● **性状**：花红白复色，花心白色，瓣周玫红色。花朵卷边盘状、露心，花径约 7 cm，花瓣扇形、瓣质中等、4~8 枚，大集群花，无香味。花蕾卵形，花托球状，花梗短、密布刚毛、泛红。小叶卵形，小型叶，叶深绿色有光泽，叶面平展，叶缘粗锯齿状。枝条弯、硬，绿色；皮刺弯、长、密、中小间杂，刺体橙红色。植株灌木型，长势强健，分枝力强，花量极大，一次开花后偶尔重复开放。

● **亲本**：'Unnamed Seedling' × 'Kordesii H. Wulff'
● **培育者**：1955 年德国 Wilhelm J.H. Kordes II。

'粉彩巴比伦眼睛'（'Pastel Babylon Eyes'）S.

● **别名**：'Moonlight Babylon'，'INTereybabsap'

● **性状**：花红黄复色，花心玫红色，瓣周黄色，随开放变色呈粉色。花朵盘状、露心，花径 4~5 cm，花瓣扇形、瓣质薄、5~6 枚，无香味。花蕾笔尖形，花托球状，花梗软、有刚毛、泛红。小叶卵形，叶翠绿色有光泽，叶质厚，叶缘粗锯齿状，嫩叶黄绿色。枝条硬，绿色泛红；皮刺斜直、中小间杂，刺体泛红。植株灌木型，花色奇特，小巧可爱，花量大，可多季节重复开放。

● **亲本**：'INTerbyloneri' × 'Unnamed Seedling'

● **培育者**：2012 年之前荷兰 Interplant。

‘闪电舞’（‘Flash Dance’）S.

● **性状**：花粉白嵌合色，有粉红色条纹和斑块。花朵高心翘角、满心，花径 6~7 cm，

花瓣扇形、瓣质中等、千重瓣、51~61 枚，无香味。花蕾圆尖形，花托杯状，花梗长、硬度中等、无刚毛、绿色。小叶卵形，叶绿色半光泽，叶纸质，叶质中等，叶缘细锯齿状。枝条硬挺，无刺。植株直立型，勤花，花期长，花色独特，花型优雅，可多季节重复开放。

● **亲本**：‘Unnamed Seedling’ × ‘Unnamed Seedling’

● **培育者**：2012 年 荷兰 Interplant。

'阳光巴比伦眼睛'（'Sunshine Babylon Eyes'）S.

● **性状**：花黄红复色，花瓣黄色，边缘橙粉色，中心黑红色。花朵盘状、露心，花径 6 cm，花瓣扇形、瓣质厚、5枚，无香味。花蕾圆尖形，花托球状，花梗硬度中等、有明显小刺、泛红。小叶卵形，叶翠绿色半光泽，叶纸质，叶质厚，叶缘粗锯齿状，嫩叶黄绿色，微泛红。枝条细，绿色；皮刺直、小、稀疏，刺体红色。植株灌木型，分枝力强，花色奇特艳丽，多花、勤花，可多季节重复开放。

● **亲本**：'Unnamed Seedling' × 'Unnamed Seedling'

● **培育者**：2006年荷兰 Robert Ilsink。

'粉红怒赛特'（'Blush Noisette'）

● **性状**：花粉白色，随着开放颜色变浅。花朵杯状，花径 4~5 cm，花瓣扇形、瓣质薄、41~52 枚，微香。花蕾圆形，花托杯状，花梗短、无刚毛、泛红。小叶卵形，叶深绿色无光泽，叶质中等，叶面上翻，叶缘细锯齿状。枝条硬度中等，紫红色；皮刺直、小、稀疏，刺体红色。植株灌木型，分枝力强，花量大，勤花，复花性好，多季节重复开放。

● **亲本**：Seedling of 'Champneys' Pink Cluster'

● **培育者**：1814 年美国 Philippe Noisette。

'绿萼' 中国古老月季

● **别称:**'绿绣球','帝君袍'

● **性状:** 花绿色,雌雄蕊退化,萼片瓣化。花朵绒球状,花径 4~6 cm,簇花,花瓣剑形、千重瓣,无香味。花蕾笔尖形,花托杯状,花梗细长、无刚毛、绿色。小叶披针形,叶绿色无光泽,叶面平展,叶缘细锯齿状。枝条较直,翠绿色,嫩枝浅棕红色;皮刺直,少且小。植株开张型,生长旺盛,花型小巧可爱。

'软香红'

● **性状**：花紫红色，基部淡粉红色。花朵盘状、半露心，簇状花序，花径6~7 cm，花瓣扇形、瓣质薄、42~46枚，芳香。花蕾圆尖形，花托杯状，花梗软、有刚毛、泛红。小叶圆形，叶黄绿色半光泽，叶纸质，叶质薄，叶缘粗锯齿状。枝条细、软、绿色；皮刺弯、小、稀疏，刺体黄色。植株藤蔓型，长势强健，分枝力强，花美色艳，花香浓郁，花量大。

'月月粉'('Old Blush')

● **别名**：'宫粉'月季，'粉铁杷'，'Common Monthly'，'Old Pink Daily'

● **性状**：花粉红色，随着开放颜色加深。花朵卷边盘状、半露心，花径 6~7 cm，花瓣长卵形、瓣质中等、20~25 枚，微香。花蕾卵形，花托球状，花梗细长、无刚毛、绿色。小叶椭圆形，叶绿色无光泽，叶面平展，叶缘粗锯齿状。枝条硬，绿色；皮刺斜直、大、较密，刺体红色。植株直立型，长势强健，花色淡雅。

'紫袍玉带'（'Roger Lambelin'）

● **别名**：'银线穿红袍'

● **性状**：花蓝紫色，瓣边缘镶白边。花朵杯状、露心，花径 7~8 cm，花瓣长卵形，25~26 枚，浓香。花蕾圆形，花托杯状，花梗短、硬度中等、密布刚毛、绿色。小叶卵形，叶黄绿色半光泽，叶纸质，叶质薄，叶缘粗锯齿状。枝条长、硬，绿色；皮刺小、直、稀疏，刺体黄色。植株半开张型，分枝力强，长势强健，花色奇特，花容端庄。

附录　郑州地区月季周年管理历

郑州地区属暖温带大陆性季风气候，四季分明，年平均气温 14.3℃。7 月最热，平均 27℃；1 月最冷，平均 0.1℃，年平均降水量 632 毫米，无霜期 220 天，全年日照时间约 2400 小时。具有温暖适宜、雨量适中、光照充足等特点，为国内月季生长理想地域，是全国五大月季中心之一。郑州地区露地栽培条件下，月季一般在 3 月上旬发芽，花期 4 月下旬至 11 月中旬，12 月进入落叶期。生长期 3~11 月，休眠期 12 月至翌年 2 月。

1 月

1. 露地月季的栽培管理

进行冬季修剪工作，修剪工作完成后，及时清除枝叶、杂草等。清园后，天气晴好时全园喷洒 3~5 波美度石硫合剂 1~2 次，间隔 7~10 天，用以灭杀越冬菌源及害虫和虫卵，减少全年病虫基数。

2. 盆栽月季的栽培管理

对于开沟集中摆放、培土防寒越冬的盆栽月季，应及时检查盆土湿度。若盆土缺水，应在夜冻日消后及时浇水、封土。

3. 塑料大棚月季的栽培管理

应在阴雨、雪天和夜晚加强防寒保暖措施，塑料大棚要密封保温。白天晴朗时，当塑料大棚内温度超过 20℃时应适当通风降温，避免月季过早发芽受冻。

2 月

1. 露地月季的栽培管理

2 月下旬月季发芽前，在天气晴好时全园喷洒一次 3~5 波美度石硫合剂。

2. 盆栽月季的栽培管理

（1）换盆：盆栽月季种植 1~2 年之后，根系会越来越多。如果盆内月季根系长满且长期不换盆，植株活力就会降低，生长衰弱，部分枝条因营养缺乏，造成自封顶，不能形成花蕾，整盆开花数量少且小。此时，需要在盆栽月季发芽前更换大规格的花盆来保证月季继续生长；也可以把月季脱盆，将根系外围的土壤剥除，并修剪掉一些外围的须根以及过长的主根，加营养土之后原盆种下。

（2）出盆：2月下旬，对于越冬前开沟集中摆放、培土防寒的盆栽月季，在萌芽前应及时出盆，重新摆放。

3. 塑料大棚月季的栽培管理

随着气温的逐步回升，月季开始发芽生长，为避免月季徒长，白天天气晴好时，上午10点至下午3点应适当通风降温，傍晚停止通风以利夜间保温。

4. 病虫害防治

大棚内月季展叶后，可定期喷施百菌清、代森锰锌等保护剂对白粉病、灰霉病等病害进行预防，间隔7~10天喷施一次。针对大棚内月季春季易发生的蚜虫、白粉病、灰霉病要及时防治。蚜虫可使用吡虫啉、烟参碱、苦烟乳油等进行防治；白粉病发病初期可用三唑酮、丙环唑等进行防治；灰霉病发病初期可用多菌灵、托布津、退菌特等进行防治，避免病害的大规模爆发。

3 月

1. 露地月季的栽培管理

（1）二次修剪：主要包括抽干枝、受损枝的修剪、抹芽、除萌蘖。冬季进行强修剪后，月季枝条会出现抽干、受损等现象，开春后应及时剪除抽干枝、受损枝。同时，月季在春季萌芽时会出现多个芽点同时萌发的情况，为了避免消耗过多的营养，也为了避免之后植株枝条过于密集、叶片重叠过多导致通风透光不良，滋生病害，应及时进行抹芽。抹芽时优先抹除内芽，并使保留下的萌芽间距为3~5 cm。对于月季嫁接苗，应及时清除基部砧木的萌蘖。

（2）浇萌芽水：随着温度升高，月季生长迅速，需要大量的水分，月季萌芽前后一定要及时浇好萌芽水，之后根据天气情况适当增加浇水频率，避免缺水。

（3）中耕除草：及时清除越冬杂草，保持土壤墒情。

（4）补植补栽：3月上、中旬可以进行月季苗的裸根栽植，其余季节如需栽植最好采用营养钵苗栽植。

2. 盆栽月季的栽培管理

（1）出盆：3月上旬完成出盆。

（2）二次修剪：同露地月季的栽培管理。

（3）浇水：随着气温回升，月季进入快速生长期，对水分的需求量增大，应及时根据盆土的湿度进行浇水。浇水的原则是见干见湿，即盆土表面发灰白时浇水，浇水时一次浇透。

（4）施肥：盆（撒）施、浇施、叶面追肥时间错开，每15天一次。

①盆施：浇水前在盆土表面撒施颗粒状复合肥，施肥量视花盆大小而定，有条件时可将盆土表面松土，使肥料与盆土混合，之后浇透水。

②浇施：把复合肥配制成0.1%水溶液或使用腐熟的有机肥水将盆土浇透。

③叶面追肥：叶面喷施含氮、磷、钾及微量元素等成分的叶面肥。

3. 塑料大棚月季的栽培管理

郑州地区3月气温不太稳定，可能会出现"倒春寒"，3月底气温基本稳定后方可拆除塑料大棚或将月季移出大棚。由于3月的气温变化较大，天气晴好时，应注意加强棚内通风，夜晚低温不低于5℃时，可不必闭棚；大风降温天气应及时闭棚，避免出现冻害或风害。

4. 病虫害防治

应及时做好塑料大棚内蚜虫、白粉病、灰霉病等病虫害的防治。露地月季病虫害发生较少，但应在月季展叶后，定期喷施百菌清、代森锰锌等保护剂对白粉病、灰霉病等病害进行预防，间隔7~10天喷施一次，持续整个生长季。针对月季春季易发生的蚜虫、白粉病等应及时防治。

4 月

1. 露地月季的栽培管理

（1）追肥：4月月季进入快速生长期，需要给予充足的水肥才能保证即将到来的花期。施肥以复合肥为主，每亩地施肥10~15 kg，将肥料均匀撒施，之后应松土浅耕并及时浇水。同时可定期进行叶面追肥，每15天喷施一次。郑州地区月季一般在4月下旬陆续进入花期，花期应停止施肥。

（2）浇水：应适当增加浇水频率和浇水量，避免缺水。

（3）中耕除草：及时中耕除草，以利月季生长。

（4）去蕾：对单枝开花的大花月季，可去除侧蕾，只保留中间一个主蕾；对一枝多花的丰花月季，则去除主蕾及过密的小蕾，使花期集中且花朵大小匀称。

（5）除萌蘖：及时剪除嫁接苗基部砧木的萌蘖。

2. 盆栽月季的栽培管理

（1）施肥、浇水：同3月盆栽月季的管理。4月下旬盆栽月季陆续进入花期后停止施肥。

（2）去蕾、除萌蘖同露地月季的栽培管理。

3. 病虫害防治

主要为白粉病、蚜虫危害，少数情况有茎蜂危害。针对白粉病，可喷施三唑酮、丙环唑等防治；针对蚜虫，可喷施吡虫啉、烟参碱、苦烟乳油等防治。

5月

1. 露地月季的栽培管理

（1）花后修剪：月季花开败后应及时修剪掉残花，避免残花留在枝头发霉腐烂滋生病菌或结果后消耗营养，影响正常生长和观赏效果。修剪的方法以修剪到花下第1~2片正常叶（5小叶）处为佳，留芽时尽量留外芽或侧芽。

（2）追肥：月季开花需消耗大量养分，第一茬花开后，及时修剪残花并追肥，追肥以复合肥为主，每亩地撒施10~15 kg，之后应松土浅耕并及时浇水。同时可定期进行叶面追肥，每15天喷施一次，以促使月季健壮生长，为高温休眠做好准备。

（3）除萌蘖：及时剪除嫁接苗基部砧木的萌蘖。

（4）月季小苗定植：冬季扦插的月季插条生根成活后，5月上旬选择阴或多云天气，地栽定植或上盆。

2. 盆栽月季的栽培管理

（1）施肥、浇水：同3月盆栽月季的管理。

（2）花后修剪、除萌蘖：同露地月季的栽培管理。

（3）挪盆：结合残花修剪、清除盆内杂草，将花盆原地挪动，避免根系透过盆空扎入地下，影响盆栽月季质量。

3、病虫害防治

进入5月，月季易发生的病虫害较多，有白粉病、黑斑病、蚜虫、蓟马、叶螨、蛾类幼虫、茎蜂、叶蜂。危害较为严重的是叶螨、蓟马。针对叶螨，可喷施阿维·哒螨灵、炔螨特、唑螨酯等杀螨剂防治；针对蓟马，可喷施吡虫啉、噻嗪酮等防治，也可提前根施铁灭克颗粒剂等防治，并选择适宜的杀菌剂预防病害的发生。

6月

1. 露地月季的栽培管理

（1）残花修剪：同5月花后修剪。

（2）追肥：叶面追肥，每15天喷施一次。进入6月下旬，高温天气开始，月季进入高温休眠期，可停止追肥。

（3）除萌蘖：及时剪除嫁接苗基部砧木的萌蘖。

（4）中耕除草：及时中耕除草，清除杂草。

2. 盆栽月季的栽培管理

（1）残花修剪：同5月花后修剪。同时，盆栽月季可以通过修剪、摘心、培育新芽来进行整形。

（2）施肥、浇水：同3月盆栽月季的管理。进入6月下旬，高温天气开始，月季进入高温休眠期，可停止施肥。

3. 病虫害防治

主要防控叶螨、黑斑病的发生。叶螨可使用阿维·哒螨灵、炔螨特、唑螨酯等防治；黑斑病发病初期可使用多菌灵、苯醚甲环唑、甲基托布津等治疗剂防治。

4. 月季夏季扦插繁殖

月季夏季扦插通常在6月进行，一般采用全光喷雾扦插方法。此时，当年生枝条已木质化，结合夏季修剪，选取健壮、无病虫害枝条用于扦插。插条长度一般10 cm左右（不少于3个腋芽），插条基部在底芽下方贴近芽基处斜剪，插条上部在顶芽上1 cm处平剪，顶芽处保留2片小叶，使用500倍多菌灵溶液浸泡消毒。扦插基质一般选用蛭石，扦插前使用0.3%~0.5%高锰酸钾溶液对插床全面消毒，扦插深度为插条长度的1/3。扦插后第一周适当增加喷水次数和时间，每20 min左右喷雾30 s；扦插后第二周，适当减少喷水次数和时间，每40 min左右喷雾20 s；扦插后第三周，愈伤组织已基本形成，应控制喷水次数和时间，每60 min喷雾10 s；新根生成后保持插床湿润即可；在扦插过程中，如遇阴天适当减少喷雾次数和时间，雨天和夜晚停止喷雾。扦插过程中，交替或混合使用2~3种杀菌剂，预防病害发生。

5. 月季夏季嫁接繁殖

采用T型或嵌芽接方法进行芽接。

7月

1. 露地月季的栽培管理

（1）残花修剪：及时修剪残花，避免花后结果，也避免发霉腐烂滋生病菌。

（2）除萌蘖：及时剪除嫁接苗基部砧木的萌蘖。

（3）中耕除草：郑州地区7月进入雨季，温度高，雨量大，为田间杂草疯长季节，应及时进行中耕除草，控制杂草生长。

2. 盆栽月季的栽培管理

（1）浇水：掌握见干见湿的浇水原则。

（2）防盆内积水：雨后应及时检查盆内是否存有积水。如有积水，应及时将盆翻倒排除积水，并疏通盆底排水孔。

（3）防高温：对于盆栽月季，可以通过搭遮阴网来进行防暑保护。

（4）残花修剪：同露地月季的栽培管理。

（5）除萌蘖：及时剪除嫁接苗基部砧木的萌蘖。

3. 病虫害防治

主要防控叶螨、食叶害虫、黑斑病的发生。对于叶螨可喷施阿维·哒螨灵、炔螨特、唑螨酯等防治。对于食叶害虫可喷施氯氰菊酯、阿维·高氯等防治，对于黑斑病可喷施多菌灵、苯醚甲环唑、甲基托布津等治疗剂防治。

8 月

1. 露地月季的栽培管理

（1）修剪：高温季节已过，应及时对一些弱枝及带有虫卵和病害的枝叶进行清理，为即将到来的生长期做好准备。对一些长得过高的枝条，应进行适当打顶。

（2）除萌蘖：及时剪除嫁接苗基部砧木的萌蘖。

（3）追肥：进入8月中下旬可以适当进行追肥，以喷施叶面肥的方式进行。

（4）中耕除草：立秋之后，寸草结籽，在杂草结籽前对田间杂草进行一次彻底清理。

（5）月季小苗定植：夏季扦插的月季插条生根成活后，8月中旬选择阴或多云天气，地栽定植或上盆。

2. 盆栽月季的栽培管理

（1）浇水：立秋之后，随着温差加大，月季进入一年之中第二次快速生长期，对水分的需求量增大，应及时根据盆土的湿度进行浇水。浇水的原则是见干见湿，即盆土表面发灰白时浇水，浇水时一次浇透。

（2）施肥：盆（撒）施、浇施、叶面追肥时间错开，每15天一次。

（3）挪盆：结合残花修剪、清除盆内杂草，将花盆原地挪动，避免根系透过盆空扎入地下，影响盆栽月季质量。

（4）修剪：8月下旬对盆栽月季适当进行整形修剪，以轻剪为主，为国庆节期间开花做好准备。

（5）除萌蘖：及时剪除嫁接苗基部砧木的萌蘖。

3. 病虫害防治

主要防控叶螨、食叶害虫、黑斑病的发生，防治方法同 7 月病虫害防治。

9 月

1. 露地月季的栽培管理

（1）追肥：应及时追肥，以复合肥为主，每亩地施肥 10~15 kg，促使月季健壮生长，同时，辅以中微量元素叶面肥来保证月季生长的需求。

（2）除萌蘖：及时剪除嫁接苗基部砧木的萌蘖。

2. 盆栽月季的栽培管理

（1）浇水、施肥：同 8 月盆栽月季的栽培管理。

（2）除萌蘖：及时剪除嫁接苗基部砧木的萌蘖。

3. 病虫害防治

主要防控叶螨、蚜虫、食叶害虫、黑斑病的发生，防治方法同 7 月病虫害防治。

10 月

1. 露地月季的栽培管理

（1）残花修剪：及时修剪残花。避免花后结果、腐烂滋生病菌。

（2）控水：应适当减少浇水的频率，浇水时间宜在早上、中午，避免傍晚浇水造成晚上湿度过高诱发病害。

2. 盆栽月季的栽培管理

浇水：掌握见干见湿的浇水原则。

3. 病虫害防治

主要防控黑斑病、叶螨、蚜虫、蓟马以及食叶害虫等病虫害发生，防治方法同 7 月病虫害防治。

11 月

1. 露地月季的栽培管理

（1）控水：应进一步减少浇水的频次，避免月季徒长，以利月季枝条生长充实，安全越冬。

（2）补植补栽：月季停止生长后可以进行裸根栽植。

2. 盆栽月季的栽培管理

浇水：适当控制浇水频率，促进枝条生长充实，避免冬季受冻害。

3. 病虫害防治

11 月各种病虫害危害开始减少，可采取物理防治的方法，人工剪除病虫枝叶，减少越冬虫源。

在月季整个生长季，病虫害防治是养护管理工作中十分重要的一环。

对于病害防治，应定期喷施百菌清、代森锰锌等保护剂进行提前预防，保护剂广谱性强、不易产生抗药性，均匀喷施可在月季枝叶表面形成一层保护膜，抵御病菌的入侵。在病害发生初期应针对性地喷施治疗性杀菌剂，治疗剂一般针对性强、杀菌谱窄，易产生抗药性，应合理轮换用药，也可用两种或以上的保护剂和治疗剂复配使用，达到更好的防治效果。

虫害方面，蚜虫、叶螨、蓟马具有繁殖快的特点，应注意防早防小，合理轮换用药，避免抗药性的产生，也可采取根部施药防治的方法，一般可结合施肥的同时使用颗粒型杀虫剂进行提前预防。

病虫害的防治除了化学防治以外，还可以采取整形修剪、改善生长环境、人工去除（如介壳虫）、诱杀等物理手段进行防治，也可采用保护天敌、人工释放天敌等生物防治方法。

12 月

1. 露地月季的栽培管理

（1）整形修剪：根据天气情况，通常在 12 月中旬或下旬进行。依据不同的月季品种（或类型）生长习性，采取不同程度的修剪强度和修剪方法。大花月季一般采用重剪，即每个枝条留芽 3~5 个，留茬 20 cm 左右，剔除内膛枝、病虫枝、过密枝、交叉枝等，修剪时剪口芽尽量留外芽；丰花月季适当中剪；微型月季以轻剪为主；藤本月季适当修整枝条并进行合理牵引。

（2）清园：修剪后应及时进行清园，清园主要包括清理月季地枯枝落叶杂草等。

（3）施肥：冬季月季休眠期施肥十分重要，有条件时应进行穴施，在月季根部外 30~50 cm 处开穴，穴深 15~20 cm，施肥后覆土。可使用复合有机肥或腐熟的有机肥，有机肥在为月季提供养分的同时也可以改善土壤。施肥量要大，一般每亩地施肥 200 kg 左右。在施肥的同时，可以按比例加入辛硫磷颗粒、噁霉灵等药物以防控土壤病虫害。

（4）浇封冻水：土壤封冻前或在夜冻日消后浇水，以白天浇水为宜，该工作可根据具体天气情况适当提前或推后。浇封冻水后，待地表半干时，应及时进行松土浅耕，以利防寒保墒、安全越冬。

（5）防寒：郑州地区露地栽植的月季可在自然条件下正常越冬，为避免越冬受冻害，对当年秋季栽植的月季可采用架设风障保护。

2. 盆栽月季的栽培管理

（1）整形修剪：依据不同的月季品种、盆栽类型采取不同程度的修剪强度和修剪方法。

（2）开沟埋盆防寒：由于盆栽月季摆放于地面，寒冷时节，盆土会被冻透，进而造成月季根系受冻。整形修剪后，依品种、栽培类型不同分别对盆栽月季进行开沟（沟深大于盆高的 2/3）、集中摆放、培土防寒。

（3）保护地防寒：对于当年繁殖上盆的小苗不宜开沟埋盆防寒，当气温接近 0℃时，可搭设塑料小拱棚保护越冬。

3. 塑料大棚月季的栽培管理

（1）熏蒸消毒：塑料大棚使用前使用烟熏剂熏蒸消毒。

（2）嫁接繁殖月季：冬季可在大棚嫁接繁殖优良月季品种、造型月季等。

（3）月季上盆：地栽月季起挖后在大棚内上盆。

4. 月季冬季扦插繁殖

（1）插床扦插繁殖：郑州地区月季冬季扦插通常在 11 月下旬至 12 月中旬进行，结合冬季修剪，选取健壮、无病虫害枝条用于扦插。在塑料大棚内铺设插床，扦插基质一般选用面沙、蛭石等，扦插前使用 0.3%~0.5% 高锰酸钾溶液对插床全面消毒。插条长度一般 10 cm 左右（不少于 3 个腋芽），插条基部在底芽下方贴近芽基处斜剪，插条上部在顶芽上 1 cm 处平剪，使用 500 倍多菌灵溶液浸泡消毒，扦插深度为插条长度的 1/2 到 2/3。扦插后淋透水，以后及时检查扦插基质的湿度，保持基质湿润即可。

（2）营养钵直插繁殖：扦插时间、方法、管理与插床扦插相同。不同之处在于将插条直接插入装满基质（壤土：泥炭土 =1：2）的营养钵中，营养钵规格 18cm×16 cm, 每钵呈等边三角形插入 3 根插条。此法适宜于'桃灼蓝天'、'粉和平'、'大游行'、'藤彩虹'等扦插成活率较高的月季品种，具有省工、省时、成型快等优点。

[索引]